我們所居住的地球和宇宙

位[illegible]球[illegible]星[illegible]億年前左右誕生的。然後在大約 38 億年前，地球上誕生了最初的生命。雖然宇宙中充滿了人類尚未了解的謎團，不過由於科學的發達，這些謎團也一點一點的被解開。

▲哈伯宇宙望遠鏡捕捉到的漩渦狀銀河。地球位於約有兩千億個如太陽般的恆星聚集著的本銀河之中。

出處／NASA, JPL–Caltech

▼從國際宇宙站看到的極光。那是從太陽飛來的微粒碰撞到大氣後所發出的光。

出處／NASA

▼以無人探測機調查火星後，發現從前在火星表面有水存在過的證據。或許，在火星上也有生物呢！

出處／NASA, JPL–Caltech, MSSS

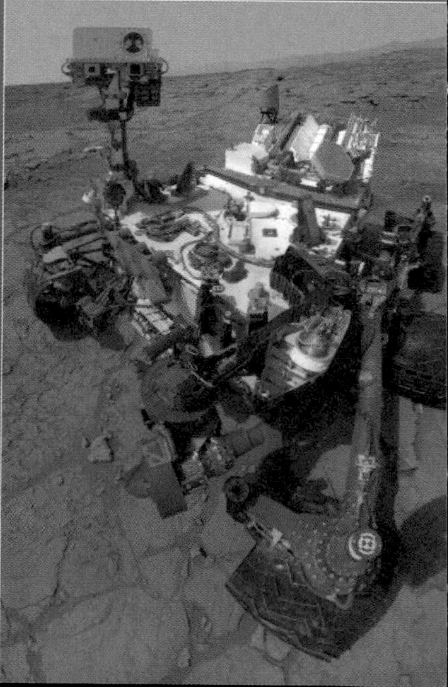

◀一九九七年時由地球看到的海爾波普彗星。它是由岩石與冰所構成的天體，拖著由釋出的氣體及灰塵等所組成的尾部。

影像提供／PIXTA

隱藏在大自然中不可思議的事物

在我們生活周遭的大自然中，充滿著各式各樣令人覺得不可思議的事物。爲什麼葉子是綠色的？太陽下山時的天空爲什麼是紅色的？冬天時燕子住在哪裡？魚爲什麼可以在水裡呼吸？大家也來找找看這些不可思議的事物吧！

布羅肯幻象（Brocken spectre）。太陽光受雲霧的影響，在影子的周圍形成有如彩虹般的光環。

▼ 候鳥會做長途旅行，在夏天和冬天時遷徙到適合生活的地區。

攝影／朝倉秀之

▶ 蟬從幼蟲蛻皮變成成蟲時的景象。成蟲有很帥氣的翅膀。

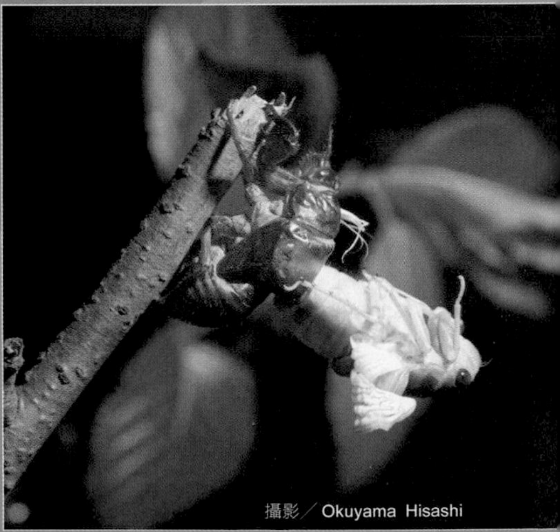

攝影／ Okuyama Hisashi

影像提供／PIXTA

試著做做看！

●太陽光中包含著各種不同顏色的光。光碟或是放有水的杯子，都能夠把太陽光中的顏色分開，讓我們看到像彩虹般的各種顏色喔！

影像提供／PIXTA

插圖／桝村太一

▲很久很久以前，統治地球的生物是恐龍。以草食的三角龍為首，也有像肉食的暴龍等各種不同的的恐龍。

▶ 目前已知鳥類的祖先，是從恐龍演化而來的。像小盜龍等具有羽毛的恐龍化石，也陸續被發現。

插圖／菊谷詩子

不可思議的人體與生命

▲花栗鼠在寒冷的冬天期間會在巢裡冬眠，冬眠時，花栗鼠的體溫會下降到攝氏 5～6 度。

人類的身體，是由大約 60 兆個各司其職擔任著不同任務、被稱爲細胞的小粒子所形成。但是地球上也有像藍綠菌般僅僅由單一細胞形成的生物。在解讀隱藏於細胞中位於基因裡的身體設計圖之後，生命之謎也逐漸被解開了。

影像提供／PIXTA

▲長像和體型一模一樣的雙胞胎，稱為同卵雙胞胎，其基因裡的身體設計圖是完全相同的。

◀同樣都是番茄，也有很多不同的品種。這是讓具有不同特徵的番茄雜交，進行品種改良之後所產生的。

▼ 藍綠菌的身體是由單一細胞所構成，具有能行光合作用的葉綠體，也能夠四處活動。藍綠菌同時具有動物和植物的特徵。

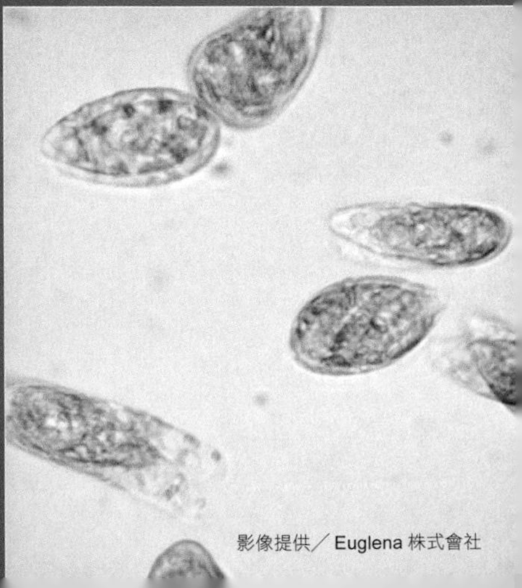

影像提供／Euglena 株式會社

哆啦A夢科學任意門

DORAEMON SCIENCE WORLD special

科學記憶吐司

哆啦A夢科學任意門Special

科學記憶吐司

目錄

刊頭彩頁
我們所居住的地球和宇宙
隱藏在大自然中不可思議的事物
不可思議的人體與生命

穿越宇宙時光機
漫畫 冒牌外星人……08
真的有人去過月球嗎？……18
天空和太空的分界處在哪裡？……20
太陽會持續發光到什麼時候？……22
特別專欄 一般人也能夠到太空去？……24
銀河究竟是什麼樣子的河？……26
真的有外星人嗎？……28
需要旅行多久，才能到達宇宙的盡頭？……30
科學觀察 在繁星之中找出北極星……32

動物放大鏡

漫畫 世界昆蟲大收集……36
蜂和蚊為什麼會螫人或叮人？……46
螢火蟲的屁股為什麼會發光？……48
蟑螂為什麼喜歡住在人類的家裡？……50
特別專欄 蜘蛛絲的祕密大公開！……52
青蛙和熊為什麼要冬眠？……54
長頸鹿的脖子為什麼那麼長？……56
魚為什麼可以在水中呼吸？……58
科學觀察 試試看用光來聚集昆蟲吧！……60
科學觀察 觀察看看狗的尾巴吧！……62

植物放大鏡

漫畫 蘿蔔舞會……64
葉子為什麼是綠色的？……74
花為什麼會散發出香味？……76
蔬菜跟水果究竟哪裡不一樣？……82
無籽葡萄是怎麼做出來的？……84

樹木能夠活多久？……78
特別專欄 植物能夠長到和天一樣高？……80
為什麼森林很重要？……86
科學觀察 試看看改變花的顏色！……88

恐龍時代通行證

漫畫 整體復原液……91
暴龍有羽毛？……101
曾經有過哪些種類的恐龍？……104
恐龍為什麼會滅絕？……106
特別專欄 拯救動植物讓它們不滅絕！……108
遠古地球上有過哪些生物？……110
為什麼從前的生物會滅絕呢？……112
有動物是因為人類而滅絕的嗎？……114
科學觀察 該如何才能到挖掘化石呢？……116

光與聲音魔法帽

漫畫 透明人眼藥水……120
「看見」是什麼意思？……132
有人類看不見的光？……134
有以光的力量前進的「太空遊艇」？……136
特別專欄 明明沒東西，但是當照到光的時候……138
「聽見」是什麼意思？……140
「超音速」究竟有多快？……142
我們為什麼聽得見「回聲」？……144
科學觀察 在寶特瓶裡製造晚霞！……146

人體工廠探測燈

漫畫 人體交換機……150
為什麼大便是棕色的？……158
為什麼會流汗？……160
感冒的時候為什麼會發燒？……162
特別專欄 爲什麼會想睡覺呢？……164
眼睛的錯覺是腦的錯覺？……166
人類為什麼沒有尾巴和體毛？……168
親子為什麼會長得像？……170
科學觀察 訓練你的感覺！……172

奇妙地球透視鏡

漫畫 在撒哈拉沙漠無法唸書 …… 176

為什麼繞地球一周剛好是四萬公里？ …… 186

真的可以從日本走到夏威夷嗎？ …… 188

地球上究竟有多少水？ …… 190

特別專欄 雖然颱風很可怕！ …… 192

為什麼會有春夏秋冬？ …… 194

地球上還剩下多少資源？ …… 196

地球真的有一天會被太陽吞噬嗎？ …… 198

科學觀察 帶點心跟飲料上山去！ …… 200

關於這本書 …… 202

看漫畫，學科學！哆啦A夢科學任意門系列介紹 …… 204

★穿越宇宙時光機

外星人

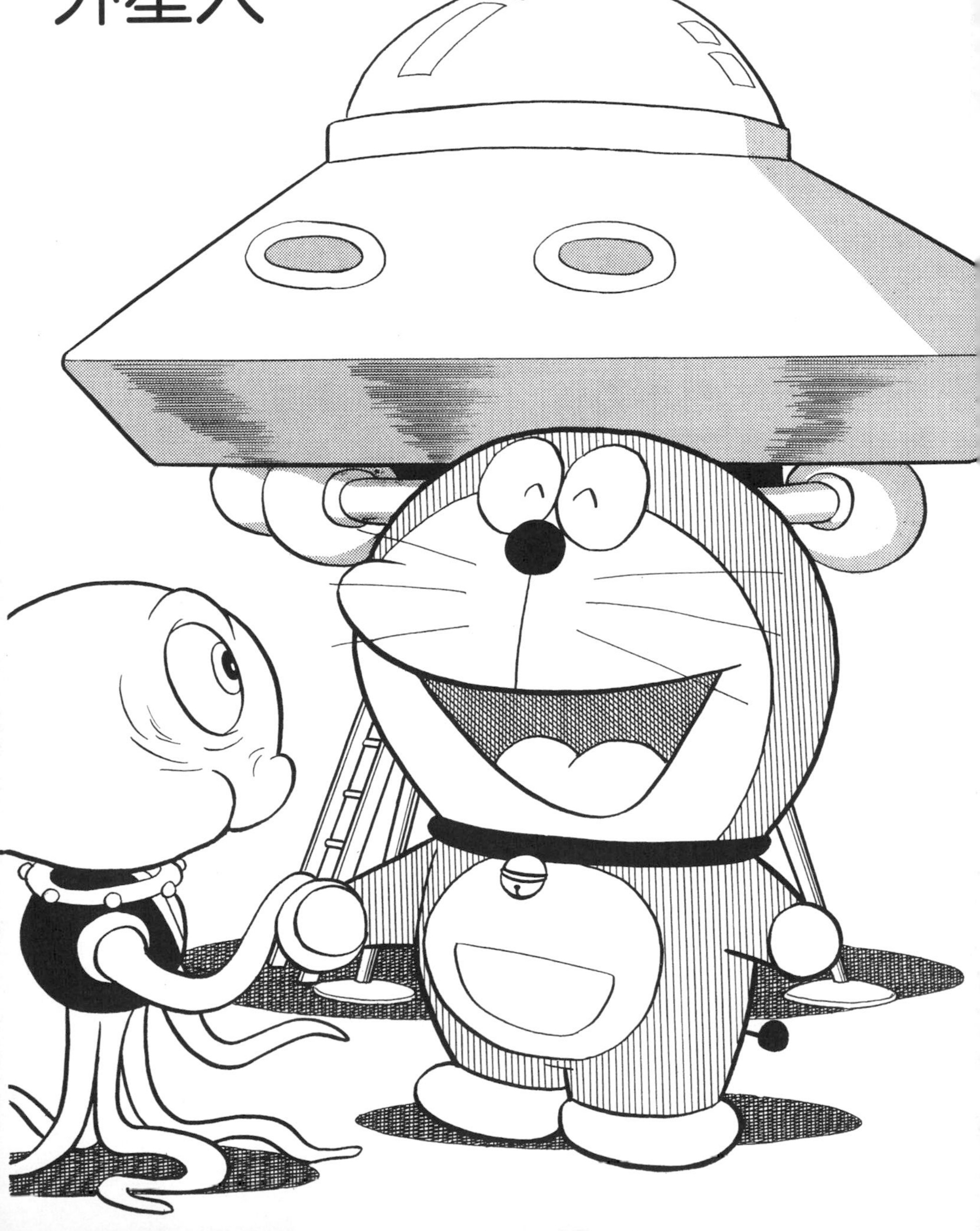

冒牌

這個飛碟是小夫拍到的？
一開始我們只是在開玩笑罷了。
對啊！
誰知道開玩笑在心裡唸著……
「飛碟來吧！」之後……
突然飛到我們面前來。
發出橘色的光！
什麼？
外星人該不會從飛碟上走下來？
噓！不能再說了。

他們說有一個祕密，硬是叫我聽。
沒想到，他們竟然遇到外星人，還跟外星人說話！
還有一個大消息！
聽說飛碟今天晚上會著陸在空地。
晚上叫我起床，一起去看吧！
怎麼可能，你一躺下去就起不來了。
走吧！
真的要去嗎？
嗚嗚好冷…
哈啾！
好睏喔！
回家吧！好像傻瓜…
哆啦A夢你真囉唆耶。
你快跟我一起念「飛碟來吧！」。
來吧…來吧…
好像白痴！又不是池塘的鯉魚。

哈啾！哈～啾!!
我不行了，我要回家了。
哼！回去吧！
像你這樣沒有信念的傢伙，留在這裡只會妨礙我而已。
哈哈哈～
哇哈哈～
沒想到他那麼容易就上當了。
在這裡待到早上，結果感冒了。
你們太過分了。
我們再來拍能欺騙他的照片吧。
一開始我就覺得奇怪！
ダンダン
哼……太可惡了…
嗚……
我太笨了。真不甘心！
※ 咚咚

那還用說！
我饒不了他們二人！
「組合飛碟模型」。
未來幼稚園的小朋友會坐在裡面玩。
好棒的玩具喔！
還要加上這個道具…
「遙控外星人」。
我是外星人，從遙遠的地方來到地球。
就拿這個去嚇胖虎他們吧！

天色越來越暗了，差不多該回家了。
笨蛋！現在開始才可以拍到很像的照片啊。
要是拍到不錯的照片，就送到雜誌社去。
說不定會被登出來耶。
我要丟到那邊去囉！
你可不要錯過按快門的時機。
沒問題！
看我的！
※咻碰
是誰？竟敢做出這種事！
※咻咻～咻～

※咻咻
ヒュウウウウン
ヒュウ
哇啊！
是飛碟啊！
快、快……快逃、快逃……
※啪滋
ジャ
你們逃不掉的。
我來自章魚座8號星。
由於你們說謊話，傷害了所有外星人的形象，造成我們很大的困擾。
原諒我們。
我們根本不知道真的有外星人啊。

呵呵呵，看他們吃驚的樣子…
噓，會發現的。
還有，我們來地球的目的……
是為了要跟人類和平會談。
可、可可可以啊。
我、我們…非常贊成。
另外，
我想見另外日本首相，希望你們叫他過來。
首相？你是指總理大臣嗎？
那、那是不可能的！
你想拒絕我嗎？
地球人難道不想和平會談嗎？
原來你們不把外星人當作一回事!?
發動宇宙戰爭！
等、等一下！
我們會想辦法叫他來的。
他們落荒而逃了。

喂喂，請問是三木首相嗎？
對不起，可以請他過來一下嗎？
有外星人想跟他見面。
被掛斷了啦。
他當然不會理你啊。
沒辦法，只好直接去找他了。
你知道他住哪裡嗎？
電車錢不知道夠不夠。
請告訴我三木首相的家在哪裡，
不趕快去的話，會引起宇宙戰爭的。
請派一輛救護車過來。
這裡有兩個奇怪的小孩……
已經沒有辦法了。
逃走吧！
別想逃！
死刑！
請……請等一下！
他明天一定會來的！

一定喔！
這是給他們的小小懲罰。
有沒有開心一點？
※ 喀咚喀咚
咦？真難得！你們居然會來找老師商量事情。
有一個飛碟降落下來，
說要見首相……
你們竟敢開老師的玩笑！
ゴッ
ゴッ
老師已經聽說你們拍騙人的照片來惡作劇的事情了！
他們還以為是真的耶！

真的有人去過月球嗎？

▶ 對面那個是地球。這是阿波羅 11 號在環繞月球時所拍攝的照片。

出處／NASA

▼ 在月球漫步的太空人艾德林。兩位太空人帶了許多的照片以及 21 公斤的月球岩石回到地球。

出處／NASA

一九六九年 人類首次站上月球！

A

在距今四十多年前的一九六九年七月二十日，美國太空人尼爾·阿姆斯壯及愛德溫·艾德林搭乘阿波羅十一號（太空船的名字），首次站立於月球上。

而首次上到太空的人，是蘇聯（現在的俄羅斯）的太空人尤里·加加林。他在一九六一年搭乘東方一號繞行地球一周，做了一小時又四十八分鐘的太空飛行。

在那之後，蘇聯及美國不停的對太空旅行進行研究，到了一九六九年時，人類終於抵達月球。

國際太空站有人類居住生活著 並將前往火星探險！

A

一九九八年時，國際間十五個國家開始共同合作建造國際太空站，並在二〇一一年完工。日本也參與了這個國際太空站計劃，日本的太空人在太空站的建設以及宇宙的研究上，貢獻良多。

等到各位長大成人的時候，太空人的火星探查可能也已經實現了。美國有些專家認為人類在二十年內就能夠到火星去。未來搭乘火星探測船的，很有可能是你們喔！

出處／NASA

◀ 剛開始建造時的國際太空站。

▼ 2011 年時，整體的大小已經有一個足球場那麼大了。

出處／NASA

出處／NASA

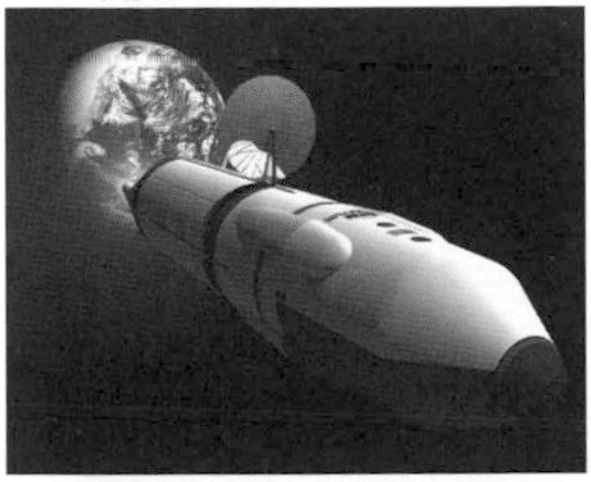

◀ 飛往火星的火箭，抵達火星需要10個月！

▼ 火星上的太空人？如果真能上火星的話，真的是很了不起呢！

出處／NASA

天空和太空的分界處在哪裡？

高度在一百公里以上就算是太空囉！

太空，究竟是從哪裡開始起算的呢？沒有空氣就算是太空？還是脫離地球的重力，身體飄浮起來就算是太空？其實在國際太空站停留的三百七十公里高處，雖然很稀薄但還是有空氣的。而且雖然身體會飄浮，還是會受到地球重力影響，被地球拉扯著。

天空和太空雖然沒有明確的界線，不過，由世界各國的專家所組成的國際航空聯盟，把高於一百公里以上的部分訂定為「太空」。

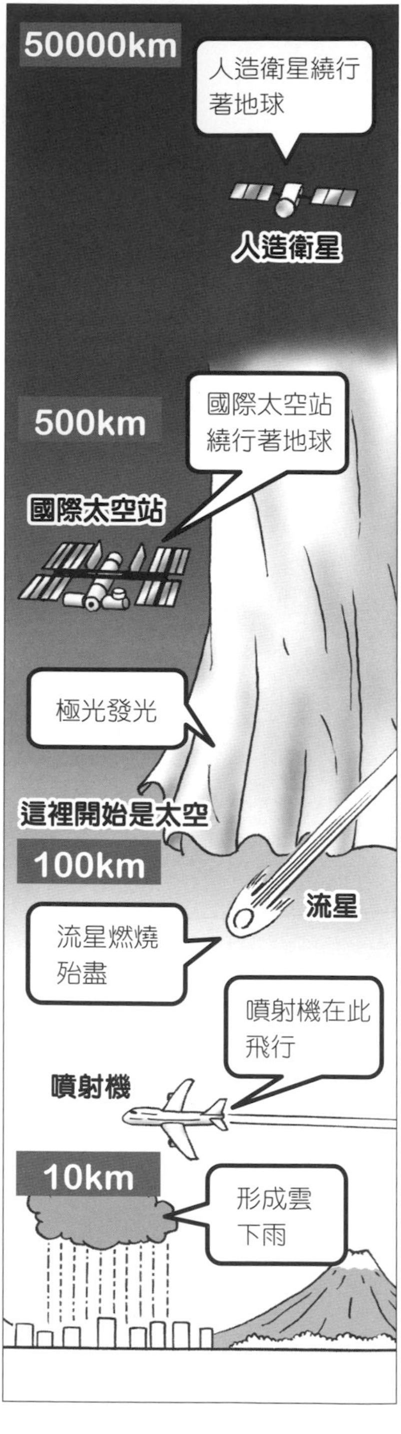

若是以各種不同的速度投球的話……

當球速更快時……

會飛往宇宙的盡頭

只要球前進的速度比掉落的速度快，球就會逐漸遠離地球一直往前飛。

當球速夠快時……

會環繞地球轉

假如球前進的速度跟掉落的速度一樣的話，就會持續的環繞地球旋轉。國際太空站便是如此。

當球速很慢時……

會掉到地球上

比起球往前前進的速度，只要被地球拉扯掉落的速度比較快的話，球就會掉落到地面上。

國際太空站正在持續的往地球掉落！

你是否曾經在遊樂園中搭過那種會以非常快的速度往下掉落的遊樂設施呢？在往下落的過程中，身體會有飄浮起來的感覺吧！在國際太空站中，太空人的身體之所以會飄浮起來，也是同樣的道理。其實國際太空站正在朝著地球掉落中，所以待在裡面的時候身體就會飄起來，感覺不到地球的拉扯。

太陽會持續發光到什麼時候？

大約五十億年後會燃燒殆盡。在那之後會變成新的星星？

太陽遠在人類誕生的很久很久之前，就已經持續在發光了。但即使是太陽，也總會有燃燒殆盡的一天。

太陽的壽命，據說大概是一百億年，而自太陽誕生以來已經過了大約五十億年。再繼續燃燒五十億年左右，最後的太陽就會只剩下氣體然後消失。不過以那些氣體為基礎，又會產生新的星星。

在夜空中閃耀的絕大部分星星，都跟太陽有同樣的誕生方式，歷經發出光芒、燃燒殆盡、爆發，再重生為新的星星。

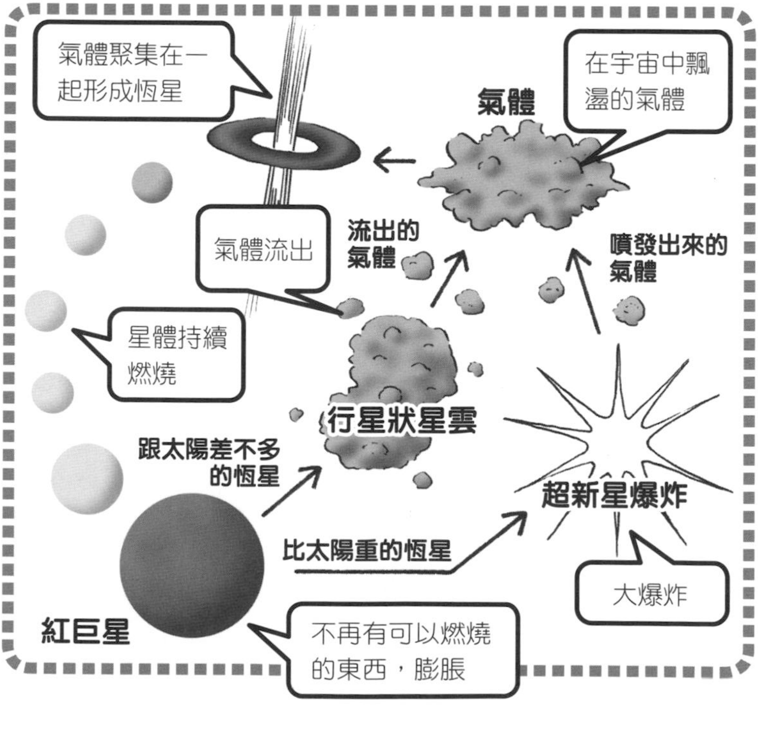

氣體聚集在一起形成恆星
在宇宙中飄盪的氣體
氣體
氣體流出
流出的氣體
噴發出來的氣體
星體持續燃燒
行星狀星雲
跟太陽差不多的恆星
超新星爆炸
比太陽重的恆星
大爆炸
紅巨星
不再有可以燃燒的東西，膨脹

越重的星星越快變老，越輕的星星越能長久燃燒！

星星的壽命，會依星星的重量而改變。重量比太陽大五倍的星星約為一億年。如果重量只有太陽的一半，大約可以持續燃燒一千七百億年。即使是比太陽還要晚誕生很久，只有一億年的星星，也會如同年老的星星那樣即將燃燒殆盡。

若將各種不同重量的星星比喻成人類……
哇啊～
誕生 100 億年！但卻還是可以持續燃燒 1600 億年的幼年星星。
我明明就只燃燒了 1 億年，卻已經行將就木啊！

在原始太陽誕生時，原始地球也誕生了！

環繞在像太陽這樣自己發亮的星星周圍的星球，稱為行星。地球也是行星之一，太陽和地球是在同一個時期誕生的。

當氣體聚集、太陽開始燃燒的時候，氣體中的微塵等聚集而形成了地球。金星、火星、木星等，也是環繞著太陽的行星。

我燃燒起來了～！
太陽
岩石撞擊過來，讓我變大了！
地球

宇宙救生艇

道具解說

就算地球即將爆炸，也能夠搭乘這種小艇安全的逃往宇宙。操縱的方式很簡單，只要按下按鈕，它就會自動尋找人類可以居住的星球，把我們帶到那邊去。

沒錯。
大家做好朋友吧。

▲大雄他們曾經搭乘宇宙救生艇到小人國星球喔！

▶「宇宙救生艇」會自己幫我們挑選好目的地星球。不過，若是把來自目標星球的物體放進稱為「探測組」的機器裡，就能夠到那個星球去。

那灑下這顆膠囊的人不就正在宇宙的某個角落…
沒錯！大概在等著別人救援吧。

將「求救膠囊」放進探測機裡面。

可以任意的上太空去旅行嗎？

能夠到太空去的只有太空人而已嗎？事實上並非如此。日本目前已經有JTB這家旅行社正在做這類的旅行企劃，太空旅行對一般人來說已經逐漸成為可能了。

一般人的太空旅行可以分成兩種。一種是在國際太空站（ISS）上停留幾天再回來；另一種，是搭乘太空船（還在開發中）飛離大氣層，在短暫的期間內體驗無重力的感覺。只不過不論是哪一種方式都非常的花錢，就算只是時間很短的太空旅行，也是每個月大約要存個一百元零用錢，並且至少要存上兩千年才足夠。能夠任意的到太空旅行的日子，真是讓人等不及啊！

銀河究竟是什麼樣子的河？

太陽位於很大的銀河中。從太陽看銀河看到的會是河的形狀！

夏天的夜晚，在仰望夜空的時候，就會看到像河流一般的好多星星。

太陽系是位於稱為銀河的，像左圖般星星聚集之處的邊緣。因為如此，當從太陽系往銀河的中心方向看時，就能夠看見呈現帶狀的好多好多星星，那就是銀河的真面目。依季節的不同，有時看到的不是銀河的中心，而是外圍的部分，那時銀河的星星也會比較少。太陽系所處的銀河，稱為本銀河。

從上方和側面看本銀河

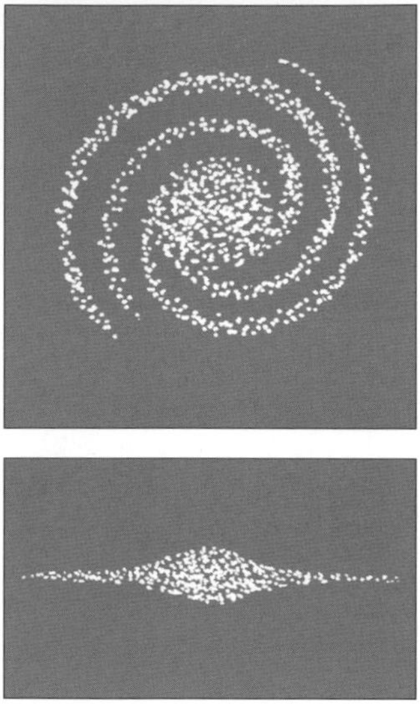

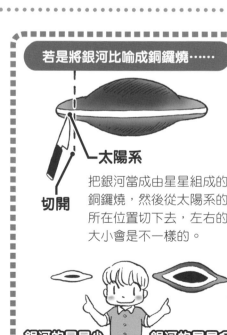

若是將銀河比喻成銅鑼燒……

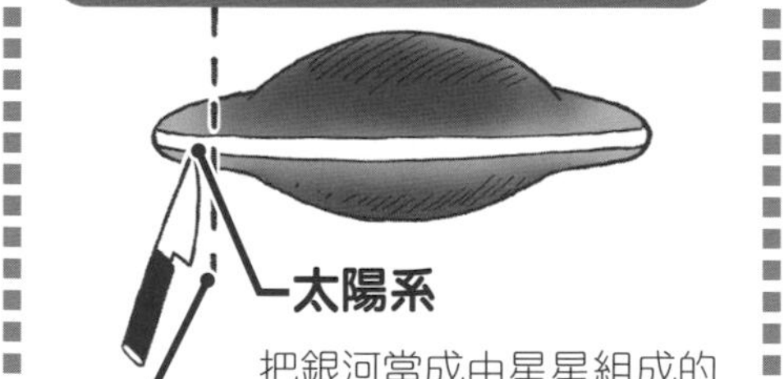

把銀河當成由星星組成的銅鑼燒，然後從太陽系的所在位置切下去，左右的大小會是不一樣的。

宇宙中的銀河多到數也數不盡！

雖然我們介紹過本銀河是星星的集合，不過你知道那裡到底聚集了多少星星嗎？數量大約是兩千億顆。數量之多，完全超乎想像。可是，那仍舊不是宇宙中所有的星星。在宇宙中，像這樣的銀河有非常的多。

若是從很遠很遠的地方看宇宙的話，看起來會像是許多中空的肥皂泡聚集在一起那樣。可是再擴大看這個肥皂泡膜的時候，會發現那其實是許多銀河的集合。何況在距離遙遠到從地球看不見的宇宙中，也廣布著銀河。在宇宙中的銀河數目，真的完全是數也數不盡啊！

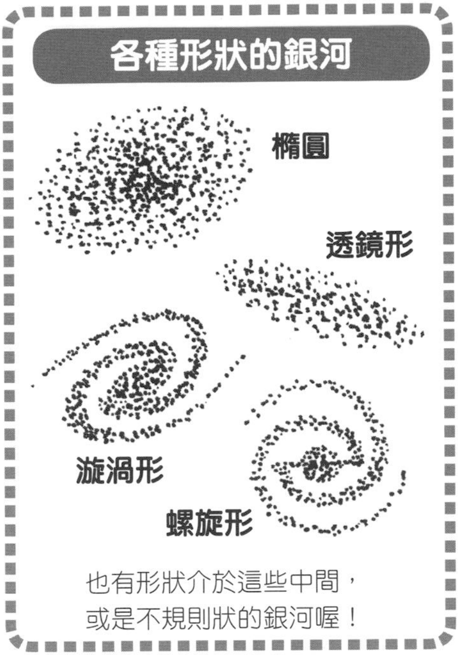
各種形狀的銀河
橢圓
透鏡形
漩渦形
螺旋形
也有形狀介於這些中間，
或是不規則狀的銀河喔！

有好多的銀河喔！

真的有外星人嗎？

Q 要有生命誕生，一定要像地球這樣有水才行嗎？

A

包含植物在內，地球上的所有生物要能夠生存，是不能夠沒有水的。水能夠溶解各種東西。地球上的所有生物，能夠把溶在水中的東西當成營養；也能夠把不要的東西溶化在水裡變成尿液等排出體外。

和地球同為太陽系行星的金星，因為太熱了，水會蒸發；相反的，火星則是因為太冷，水會結凍。

若是能夠有液態水存在的話，該星球就有可能可以像地球一般有生物存在。

噓
金星
水在瞬間就會蒸發
火星
水在瞬間就會凍結

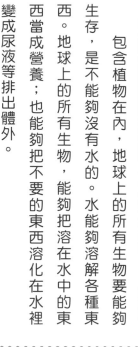

出處／NASA Ames, JPL-Caltech

▲為繞行克卜勒 22b 星的行星所繪製的想像圖。有人認為在這顆行星上面可能有水，也許還會有生物呢！

用三十公尺寬的超大望遠鏡尋找有水的星球

A

對宇宙中所有的生物來說，並不是為了要生存就一定需要水。但是假如是有水的行星的話，就有可能會有和地球很像的生物誕生。何況宇宙中有非常多的水，若是要在宇宙中尋找可能有生物的行星的話，找尋有水的行星會是捷徑。

最近已經能夠從地球觀察遙遠的、在發亮星星周圍環繞的小行星了。就這樣一點一點的慢慢尋找可能有水的行星。

▼位於夏威夷直徑 30 公尺的望遠鏡。日本也有參與建造，預定在 2021 年完成。據說在尋找地球之外有生物的行星時，它能發揮很大的貢獻。

出處／TMT International Observatory

需要旅行多久，才能到達宇宙的盡頭？

一九七七年從地球出發 總算抵達太陽系的盡頭！

到目前為止，人類所發射的探測機中，離開地球並且在太空中飛行最遠的是「航海家一號」。

它在一九七七年被發射到太空後，最近總算即將抵達距離太陽一百八十億公里以上的地方。但是即使已經飛行了這麼遠的距離，從遼闊的宇宙中看起來，仍然還是在太陽的旁邊而已，也就是它還在「太陽系」的正中央。

若是想要在這之後飛到附近最近的星星去的話，還得再花上數萬年的時間才能到達。宇宙，就是這麼的大！

▶ 航海家一號。現在正以超過時速 60000 公里的速度逐漸遠離太陽。

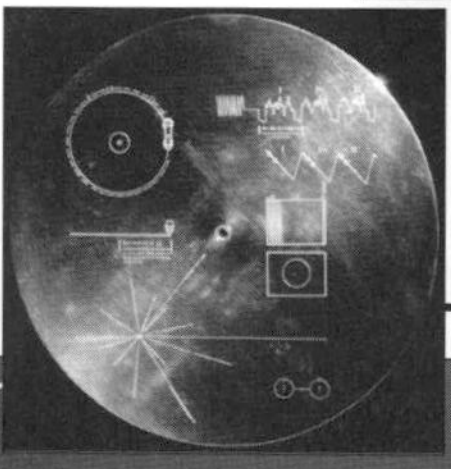

▶ 上面載著記載著地球訊息的光碟。

出處／ NASA, JPL-Caltech

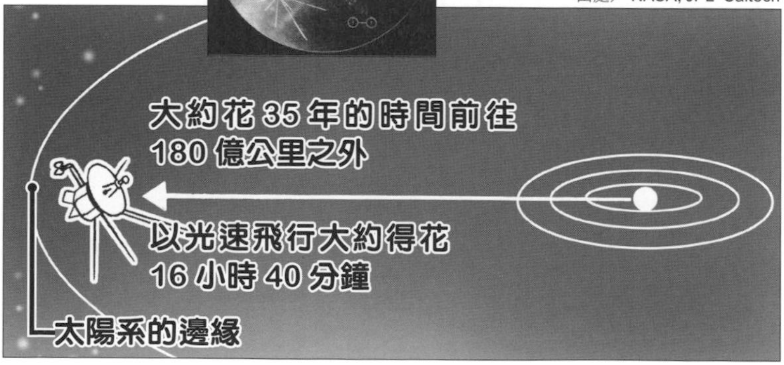
大約花 35 年的時間前往
180 億公里之外
以光速飛行大約得花
16 小時 40 分鐘
太陽系的邊緣

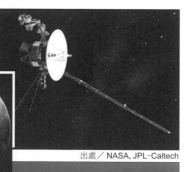

從地球看得見的宇宙寬廣度大約有七百八十億光年

A

星星在發光！
星星的光傳遞到這裡。
當光到達地球時，該顆星星其實已經在更遠的地方了！

星星和星星之間的距離，是以「光年」這種長度單位來計算的。「一光年」代表的是「光」在一年間所前進的距離。「光」在一秒鐘能夠前進三十萬公里，可見一光年就更遠了。航海家號至今所飛行的距離，「光」只需要十六小時又四十分鐘就能夠抵達了。

若是把宇宙比喻成氣球的話，現在從地球看得到的宇宙，就會是個大小約為七百八十億光年的氣球。可是從地球看得見的部分，並不是宇宙的全部。此外，宇宙膨脹的速度好像比光速還要快。這樣的話，就絕對無法抵達宇宙的盡頭。所以關於宇宙的盡頭，就只能用想像的，不是用火箭，而是藉由研讀數學或科學，來挑戰宇宙的盡頭。

科學觀察

在繁星之中找出北極星

試著做做看！

春～夏

尋找北極星的第一步是找到北斗七星或是仙后座。若是在春天，北斗七星會在北方的高處呈現右圖的形狀，在夏天時則會是稍微往左邊轉的形狀。

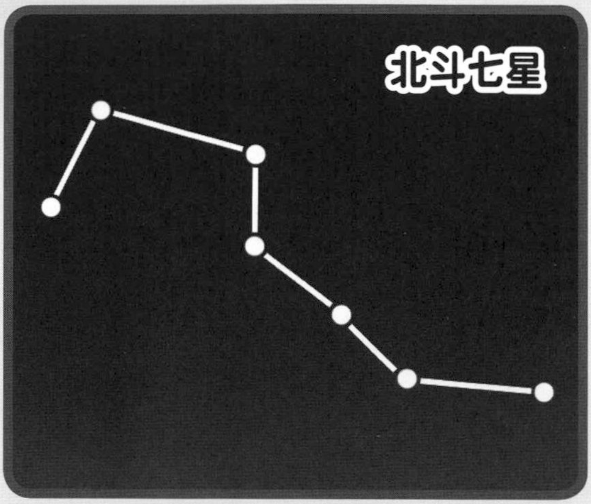

插圖／Kaniko

秋～冬

仙后座是呈英文字母「M」般的形狀。若是冬天，在北方的高處可以看到像左圖這樣的形狀。秋天的話則會是稍微往右邊轉的形狀。

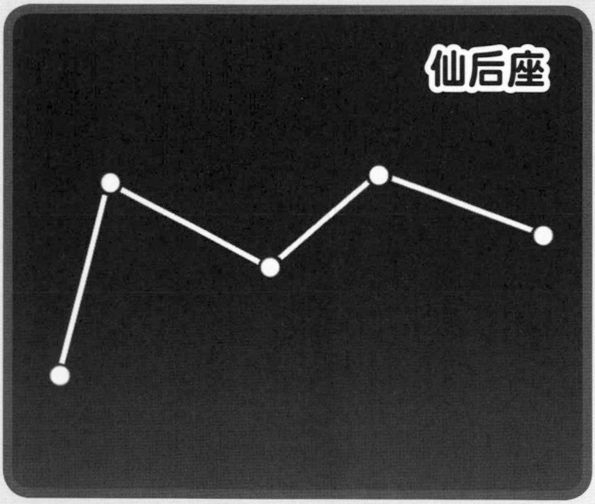

準備

● **溫暖的衣服**

（即使是在夏天，有時晚上還是會變涼，要小心喔！）

若是成功的話

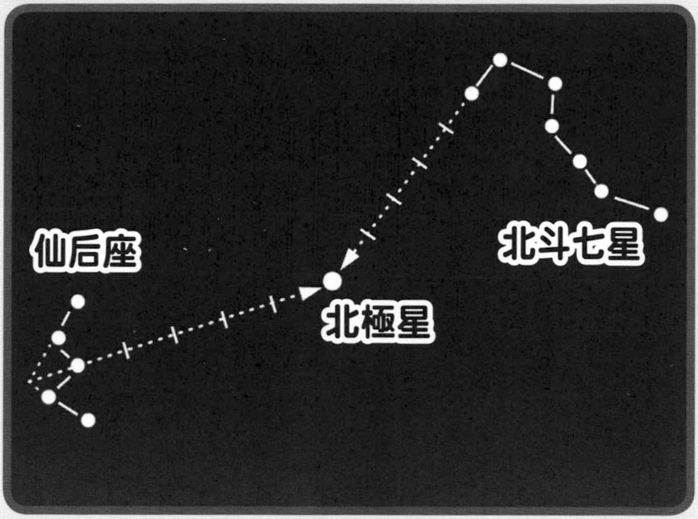

在找到北斗七星之後，把旁邊的兩顆星星連起來，以這個距離的 5 倍往前找，就能找到北極星。假如以仙后座為定位來找的話，就可以像上圖這樣畫個四方形，在對角線長度的 5 倍距離之處就是北極星。

解說

在日本全年都能看到北極星

從地球看北極星的時候，會覺得它幾乎都不會動。從前在沒有目標物可以看的大海上航海時，都是靠著尋找北極星來確定北方的方位。

可是在抬頭仰望夜空時，很難馬上就知道哪一顆星星是北極星。這時，可以先找形狀醒目好認的北斗七星或是仙后座，再從那裡來找到北極星，這就是在這一頁中介紹的方法。

在日本，其他的星星會像是環繞著北極星旋轉般的移動，所以雖然依時間或季節的不同，會沉到地平線以下的星星很多，可是北極星卻是隨時都可以看到的。

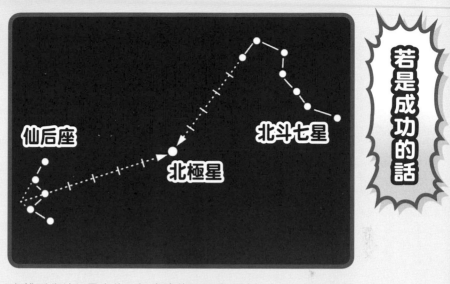

觀察

雖然是眾所期待的艾桑彗星……

像地球這樣的行星，是常年繞著太陽旋轉的。但在彗星當中，有些只會靠近太陽一次，然後就消失在宇宙的盡頭。

彗星只有在接近太陽時才會長出彗尾。在二〇一三年成為話題焦點的艾桑彗星，雖然大家都很期待它能夠成為具有明亮彗尾的大彗星，但很可惜它在最靠近太陽的時候，被太陽的熱能與引力給瓦解了，所以無法以肉眼看到彗尾。自從二〇一一年在南半球觀測到洛夫喬伊彗星之後，就沒有再出現有明顯彗尾的大彗星了。雖然不知道什麼時候會出現彗星，但是每年在固定的時期都有機會可以看到不同的流星群，大家可以透過天文台的網站或導覽查詢時間，和家人一起挑戰看看吧！

※台灣讀者可以到台北市立天文科學館網站查詢。

二〇一三年年底出現在東邊天空的艾桑彗星，是二〇一二年由俄羅斯發現的，當時許多人期待著或許能以肉眼觀測到彗尾。在北半球曾經出現過能以肉眼觀測到彗尾的彗星還有百武彗星（一九九六年）和海爾波普彗星（一九九七年）等。

★動物放大鏡

世界昆蟲大收集

哇啊，你收集好多喔。
一定下了不少功夫吧！
要找到特殊品種，就要到各個百貨公司……
百貨公司？
原來不是你自己去抓的啊？
誰會花那種功夫去抓蟲啊！
你一隻都沒有，臭屁什麼!!
我就去收集更多更特殊的給你看!!

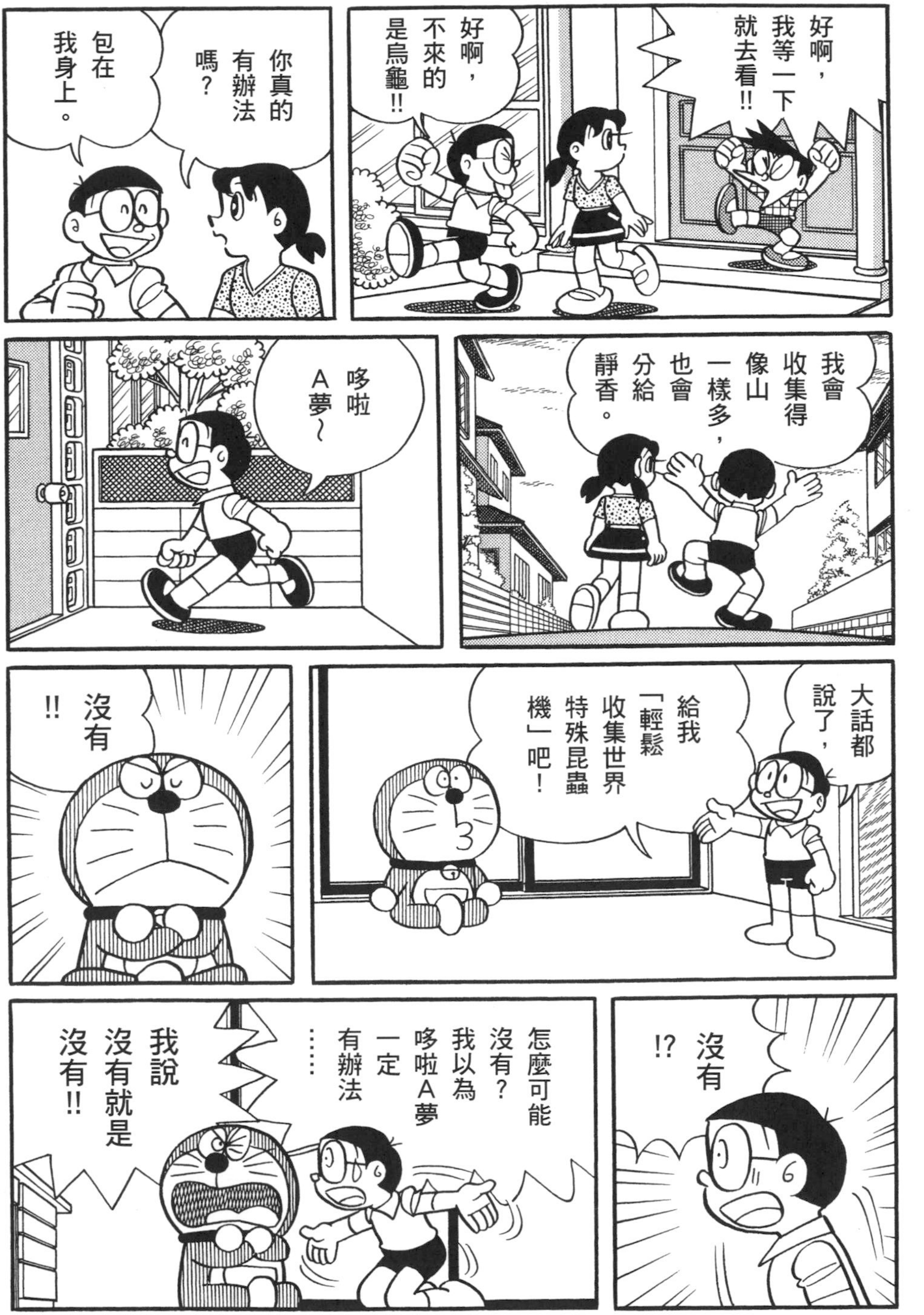
好啊，我等一下就去看!!
好啊，不來的是烏龜!!
你真的有辦法嗎？
包在我身上。
我會收集得像山一樣多，也會分給靜香。
哆啦A夢～
大話都說了，
給我「輕鬆收集世界特殊昆蟲機」吧！
沒有!!
沒有!?
怎麼可能沒有？我以為哆啦A夢一定有辦法……
我說沒有就是沒有!!

為了賭氣，就要收集什麼昆蟲，實在無聊透頂!!
算了!!不拜託你了!!
……
我太冷淡了嗎？
喂！大雄。
這個聲音是小夫跟胖虎。
他不在。
我就知道。
因為吹牛不敢見人，
等一下要好好教訓他。

看來你很辛苦嘛。
雞婆，不關你的事!!
「昆蟲噴霧器」。
※碰
ポ
連哆啦A夢都抓不到。
沒關係，
雖然看不到，但是已經做好記號了。
我連一隻都沒抓到耶。
回家吧！
咦？

剛剛的蝴蝶…
在昆蟲箱裡。
沒有裝玻璃或網子會飛走吧？
不必擔心，
本來就不在這裡面。
？
現在牠還在後山自由飛翔呢。
不過因為作了記號，不管牠飛到哪裡，都可以從「昆蟲觀察箱」中看到。
你看！牠飛起來了！
不管大小都可以播放。

昆蟲箱還有很多……
只要把各種……
昆蟲都標上記號就好。
哆啦A夢果然可靠。
ポン
※碰
ポン
※碰
對了，幼蟲也標上記號的話……
ポン
※碰
就可以慢慢觀察牠的成長過程。
水裡的昆蟲也標上記號……
就能夠直接觀察。

看來這附近的昆蟲大致上都收集完了⋯⋯
再用「昆蟲探知卡」將外國的昆蟲也標上記號。
將想要昆蟲的卡片，固定在「任意門」上⋯⋯
就能抵達那隻蟲的棲息地。
有了！
ポン
※碰
大雄，我們來看昆蟲了。
他好像出門了，你們先進來等吧！

哇啊!!
居然收集到這麼多昆蟲……
而且全部都活生生的在動。
好像是去國外抓蟲了。
看來可以抓到特殊的蟲。
接下來到下個地點去吧!
要抓什麼蟲好呢?

枉費我收集那麼多，小夫他們竟然沒來看。
嗚……嗚……
昆蟲箱裡有哭聲……
嗚……哇嗚……
是這個吧！
「任意門」不見了，回不去了啦！

蜂和蚊為什麼會螫人或叮人？

蜂的針是保護巢的武器

蜂之所以會用屁股上的針螫人，是為了要保護重要的巢或是自己的生命。會螫人的蜂有胡蜂、長腳蜂、蜜蜂和熊蜂等。雖然也有些種類是不螫人的，不過對於蜂，還是保持距離以策安全。最危險的時間是在七月至十月間，那段時間的蜂巢會變大，工蜂的數量也很多。

▲ 會製造蜂蜜的蜜蜂也會螫人喔！

在野外要是看到有蜂一直在同一個地方飛來飛去的話，就表示附近有巢。這時記得不要驅趕牠們，要靜靜的遠離。

巢的附近很危險
嗡
嗡
嗡
胡蜂類會用強壯的顎部及屁股上的毒針攻擊接近的人。

蚊子叮人是為了要吸血

雖然蚊子總是吸食樹木或是花蜜等等，但是雌蚊為了要產卵，就會用細長、像針般的口器來吸取富含營養的人或是動物的血。其實會叮人的，只有雌蚊而已。

被蚊子叮的時候，為什麼會癢呢？那是因為蚊子在叮人的時候，為了不讓人類注意到，就會和針一起，釋出含有麻醉效果的唾液來緩和疼痛的感覺。在這種唾液之中，也含有讓血液不會凝固的成分。

當這種唾液進到人體之後，身體會為了想要打敗它而釋出稱為組織胺的物質來進行攻擊。其實這種組織胺就是讓人發癢的原因。被叮的地方之所以會鼓起來變成一個包，也是由於組織胺的作用，讓水分從血管裡面滲出來，以稀釋蚊子的唾液。

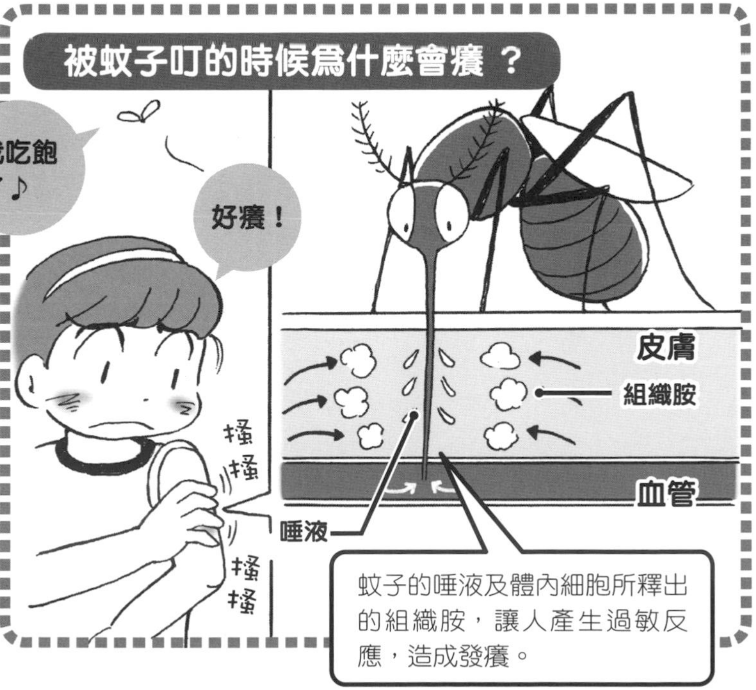
被蚊子叮的時候為什麼會癢？
我吃飽了♪
好癢！
搔搔
搔搔
皮膚
組織胺
血管
唾液
蚊子的唾液及體內細胞所釋出的組織胺，讓人產生過敏反應，造成發癢。

螢火蟲的屁股為什麼會發光？

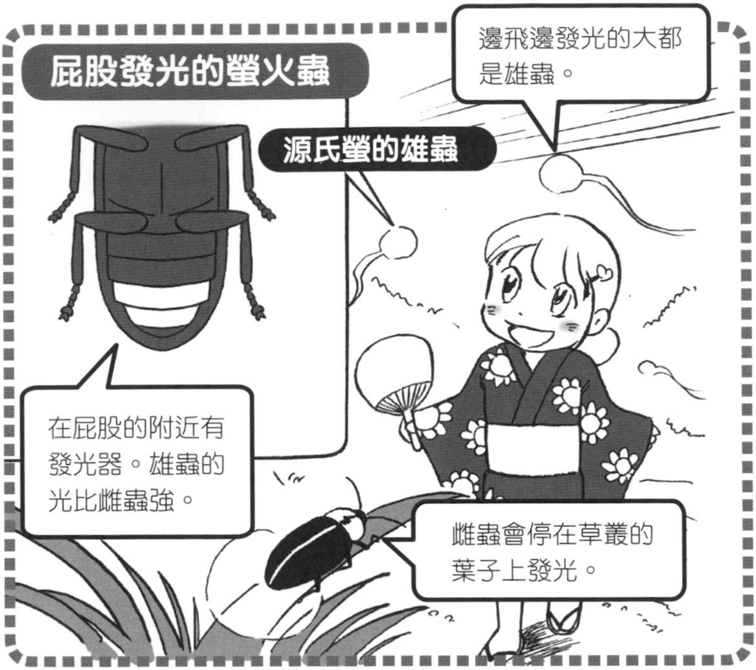
屁股發光的螢火蟲
源氏螢的雄蟲
邊飛邊發光的大都是雄蟲。
在屁股的附近有發光器。雄蟲的光比雌蟲強。
雌蟲會停在草叢的葉子上發光。

以光來尋找結婚對象

每年四至六月的梅雨季節，在有乾淨小河及有豐饒自然資源的山林中，都可以在夜晚看到發光的螢火蟲。當中一邊發光一邊飛來飛去的，幾乎都是雄蟲。雌蟲則會隱藏在附近的草叢中，斷斷續續的偶爾發光。

螢火蟲之所以會發光，其實是雌蟲和雄蟲為了能夠相遇所發出的信號，或是為了要對敵人進行威嚇的行為。發出光的，是位於屁股附近的發光器，那是以螢光素這種物質的化學反應來產生光的。

蟬以叫聲來尋找對象

當螢火蟲的季節結束，時序進入夏天後，森林等地方就會開始有蟬鳴叫。大聲在叫的，只有雄蟬。雄蟲之所以鳴叫，就跟螢火蟲的雄蟲發光一樣，都是為了要尋找結婚對象。雖說是「鳴叫」，蟬的發聲機制卻和野鳥等的鳴叫方法不一樣。蟬是讓肌肉震動磨擦位於腹部的「發聲膜」來發出聲音。在蟬的腹部有大型的空洞，聲音可以在那裡產生回響，讓聲音變大。此外，像螽蟴等的昆蟲，雄蟲也會為了邀約結婚對象的雌蟲而鳴叫。這些鳴蟲（會發出叫聲的昆蟲）是把位於背部的左右前翅重疊，磨擦翅膀來發出聲音的。為了要吸引雌性，各類昆蟲的雄蟲都很努力呢！

蟬用肚子鳴叫？
發聲膜
ㄇ～ㄇ～ㄇ～ㄇ～
（誠徵女朋友～～）

蟑螂爲什麼喜歡住在人類的家裡？

森林裡也住著很多蟑螂

一般認為，蟑螂出現在地球上的時間，是在遠比人類誕生還早的很久很久以前。甚至是比恐龍時代還要更久遠，距今大約三億年前。以地球上的生物來說，蟑螂可以算是我們人類的老老前輩。

從遠古以來，蟑螂就一直是在森林中生活的生物。直到現在，在全世界的幾千種蟑螂之中，絕大部分也都是棲息在熱帶地區的森林裡。以人類的家為住處的蟑螂，其實只有占很少很少的一小部分而已。

蟑螂是「活化石」

蟑螂大約在 3 億年前出現在地球上。
人類尚未誕生之前，我們早就已經在地球上了。
進到家裡來了！

喜歡在人附近的動物

A

人類為了要能在寒冷的冬天過得舒適，會下各種工夫讓家裡的溫度不會過低。可是很溫暖又有廚餘等食物的人類住家，對蟑螂來說就是很適合生活的場所。老鼠以及以朽木維生的白蟻之所以會侵入家中，也同樣是因為有食物，比山野容易生活所致。

還有不少其他動物也喜歡住在人類附近，例如在一般人家屋簷下築巢的家燕。家燕知道人類的家，是不會有攻擊雛鳥的黑鳶或烏鴉等過來的安全場所。一般認為大黃胡蜂之所以會在遮雨窗板的門縫或是屋簷下築巢，也是因為牠們的天敵大虎頭蜂喜歡森林，在人類的住家附近比較不容易被攻擊所致。

人類的生活周遭是安全的？
ピーピー
※啾啾啾
無法接近…
黑鳶或烏鴉
人類的附近比較安全喔！

特別專欄

蜘蛛絲的祕密大公開！

蜘蛛絲鋼索

「蜘蛛絲鋼索」。
先把這個裝在屁股上…
肚子用力就會跑出鋼索喔。
看起來好奇怪。
來！走看看。
我不敢啦！

道具解說

用屁股去碰觸，肚子用力時，就能夠像蜘蛛一樣釋出絲的工具。絲會乘著風逐漸拉長，而且能夠讓人在上面走或跑，不會掉下來。由於這種絲很強韌，所以絕對不會斷。

▲只要把絲的一端黏在某個地方，就能夠跟大雄一樣懸吊在半空中喔！

▲大家在製作用來取代空地的蜘蛛網上玩耍！

也有不是黏答答的絲？

蜘蛛總是結「網」然後靜靜等待獵物送上門，可是為什麼蜘蛛自己不會被黏在上面呢？其實祕密就在「蜘蛛絲」。

使用在蜘蛛網上的絲，大致可以分成從正中間往外延伸的「縱線」，和像漩渦一樣廣布伸展的「橫線」兩種。仔細看看上圖就會發現，小夫的左腳踩在縱線上，右腳則是踩在橫線上。其實具有黏性的只有橫線而已，縱線是蜘蛛用來移動的，所以並不會黏黏的。

其他也有蜘蛛為了配合不同目的，而分別使用的各種不同的絲，大家在發現蜘蛛網的時候，也可以仔細觀察看看喔！

青蛙和熊為什麼要冬眠？

靠著冬眠撐過寒冷的冬天

青蛙等兩生類，蛇和龜等爬蟲類，都是身體的溫度會隨著周圍的氣溫而變化的「變溫動物」。因為如此，在寒冷的冬天時因為體溫下降，會讓牠們變得無法行動。所以牠們在冬天時會在土裡或是落葉堆中躲避寒冷，不吃不喝，像睡覺一樣的等待春天的來臨。這樣的行為稱為「冬眠」。

哺乳類動物雖然是能夠把身體溫度基本上總是維持不變的「恆溫動物」，但是哺乳類動物當中也是有會冬眠的動物，如：日本睡鼠、花栗鼠、熊、蝙蝠等都是。在食物少的冬天期

冬眠的動物
日本睡鼠
ZZZ
兩生類的青蛙、爬蟲類的蛇和龜等也都會冬眠喔！
雌熊會在冬眠中生產。

間，牠們會為了盡量不要使用能量而進行冬眠。冬眠時心臟的搏動和呼吸會變慢、體溫下降，如此一直靜靜的待在巢中一動也不動。母熊在冬眠期間甚至會在巢中生孩子。

在夏天和冬天旅行的候鳥

在天空中自由飛行的鳥類之中，有些會為了要躲避冬天的寒冷或夏天的炎熱，依照季節改變生活場所，這類的鳥類稱為候鳥。以日本來說，家燕在冬天期間會在溫暖的東南亞生活，初夏時就會到日本養育孩子（夏鳥）。白額雁和鶴類等在夏天會在俄羅斯等北國度過，到了冬天就會到日本來（冬鳥）。

此外，像短翅樹鶯或是棕耳鵯等鳥類雖然一直在日本生活，在夏天時卻是在涼爽的高原育幼，氣候變冷時就會下到平地來（漂鳥）。

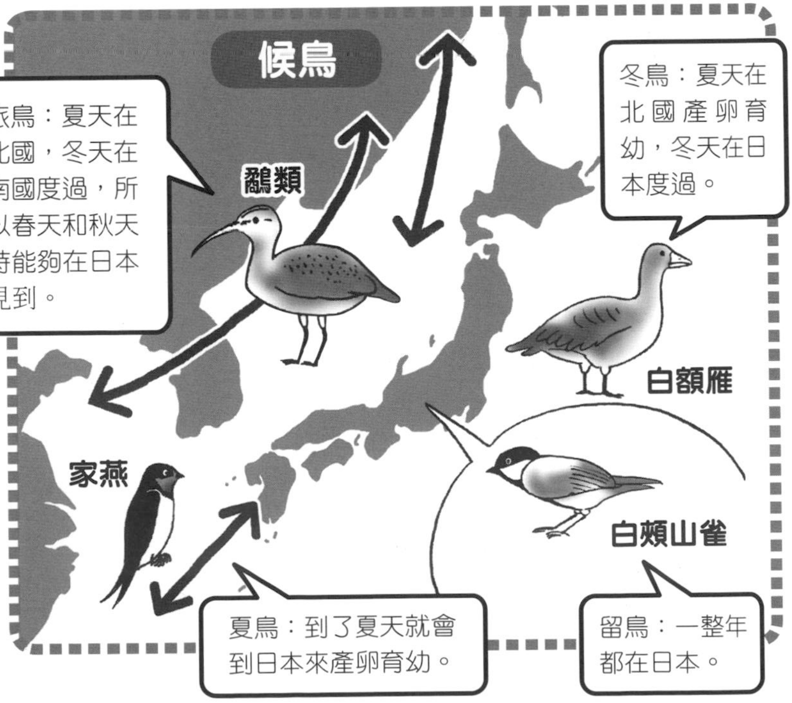
候鳥
旅鳥：夏天在北國，冬天在南國度過，所以春天和秋天時能夠在日本見到。
鷸類
冬鳥：夏天在北國產卵育幼，冬天在日本度過。
白額雁
家燕
白頰山雀
夏鳥：到了夏天就會到日本來產卵育幼。
留鳥：一整年都在日本。

長頸鹿的脖子爲什麼那麼長？

脖子的骨頭數和人類一樣

長頸鹿是在陸地上生活的動物之中，個子最高的，成年長頸鹿的體高大約為五公尺，脖子的長度可以達到兩公尺左右。人類的頸骨數目是七塊，那你知道長頸鹿的頸骨大概有幾塊嗎？其實牠們的頸骨數目跟我們人類一樣都是七塊。很讓人驚訝吧！牠們只是每一塊頸骨都很長而已。

有著長長脖子的長頸鹿，能夠吃到其他動物所搆不到的高樹上的葉子，也因為比較高可以看得比較遠，所以能夠馬上就察覺獅子等天敵的蹤影。

適合環境的個體才能夠存活

從化石的研究中得知，很久很久以前長頸鹿的脖子並沒有很長。那為什麼現在的長頸鹿脖子會變得那麼長呢？

原因在於基因裡的身體構造圖突然起了變化，誕生了一些脖子長的長頸鹿。這些長頸鹿因為能夠吃到高樹的樹葉，所以比其他同伴容易生存，於是逐漸變成只有脖子長的個體能存活下來。

生物就是像這樣在經過長久歲月，讓身體外型或構造逐漸有了改變，這個轉變的過程稱為「演化」。

動物的外型與生活

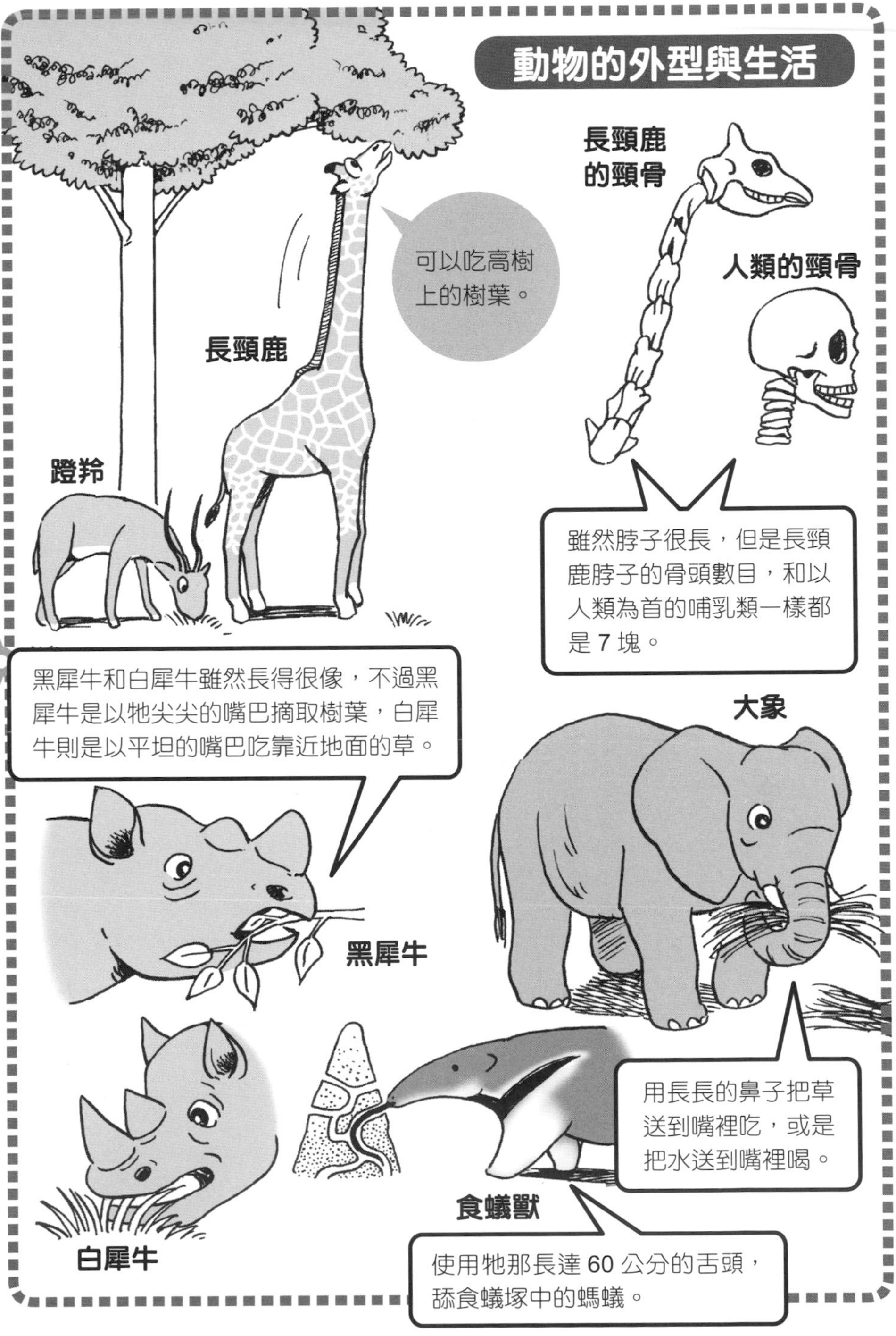
長頸鹿
可以吃高樹上的樹葉。
瞪羚
長頸鹿的頸骨
人類的頸骨
雖然脖子很長，但是長頸鹿脖子的骨頭數目，和以人類為首的哺乳類一樣都是 7 塊。
黑犀牛和白犀牛雖然長得很像，不過黑犀牛是以牠尖尖的嘴巴摘取樹葉，白犀牛則是以平坦的嘴巴吃靠近地面的草。
黑犀牛
白犀牛
大象
用長長的鼻子把草送到嘴裡吃，或是把水送到嘴裡喝。
食蟻獸
使用牠那長達 60 公分的舌頭，舔食蟻塚中的螞蟻。

魚爲什麼可以在水中呼吸？

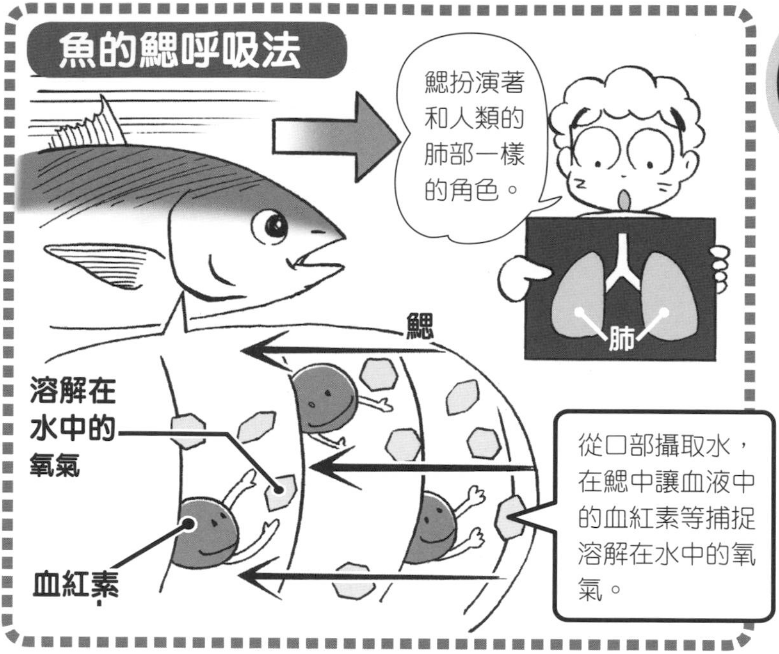
魚的鰓呼吸法
鰓扮演著和人類的肺部一樣的角色。
肺
鰓
溶解在水中的氧氣
血紅素
從口部攝取水，在鰓中讓血液中的血紅素等捕捉溶解在水中的氧氣。

以鰓呼吸的魚類

要是停止呼吸的話，就會很痛苦吧！我們要生存，就必須要有氧氣。以人類為首生活在陸地上的動物都是依賴呼吸，從肺部攝取空氣中的氧氣。那麼，生活在水裡的魚類要怎麼呼吸呢？

在魚類的臉部兩側各有一個從內部跟口部相通的大洞，從裡面可以看見排列在那裡，有許多血管經過的紅色的「鰓」。這個鰓能夠讓溶解於水中的氧氣，在水從嘴巴吸進來之後將氧氣攝入血管中。在觀察金魚的時候，會看到水槽裡的金魚把嘴巴一開一合的動作吧！那個

其實就是金魚的呼吸。

海豚沒辦法在海裡呼吸

生活在海洋中的海豚和鯨魚，和我們同樣是哺乳類，一般認為牠們的祖先是生活在陸地上，為了要捕捉獵物才潛到海裡去的。所以牠們沒有像魚那樣的鰓，不是靠鰓呼吸而是用肺呼吸。也因為如此，牠們必須經常浮到水面上呼吸空氣才行。

海豚和鯨魚的鼻孔是位於頭頂上的。大家看到的鯨魚噴氣，是在換氣的時候，為了把進入鼻孔的海水噴出來所做出的動作。海獅、海豹、儒艮以及爬蟲類的海龜等，都是雖然在海中生活，卻是用肺呼吸的動物。

海豚和海龜是用肺呼吸
肺呼吸
和我們一樣喔！

試試看用光來聚集昆蟲吧！

試著做做看！

在昆蟲活動非常活躍的夏天，有一種方法可以讓我們在夜晚的山林中將很多昆蟲聚集起來。方法其實很簡單，你只要拿一塊像床單般的白布，然後把光打上去就可以了。到底會有哪些昆蟲聚集過來呢 ？

晚間在森林中活
動時，記得要穿
長袖長褲喔！

利用樹木或是照相機用的三腳架等把繩子綁好，用晒衣夾將床單固定住，再用露營用的燈具把光打在上面。

插圖／Kaniko

準備

- 繩子
- 防蚊液
- 放大鏡
- 床單
- 晒衣夾
- 相機用的三腳架
- 露營燈（大型的手電筒）

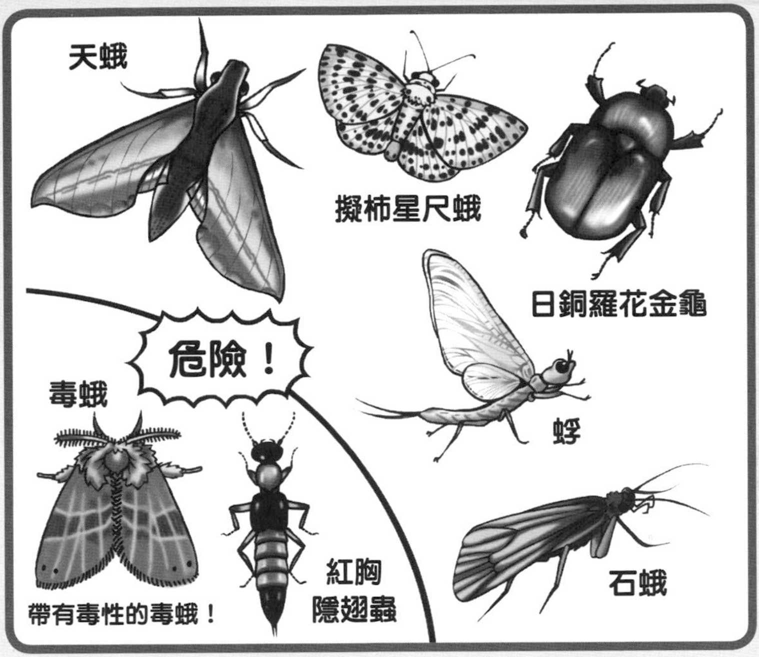
天蛾
擬柹星尺蛾
日銅羅花金龜
危險！
毒蛾
蜉
帶有毒性的毒蛾！
紅胸
隱翅蟲
石蛾

如果成功了！

蛾的同類是最容易會聚集在一起的，其中有可能會出現有毒的蟲，所以觀察的時候要注意。

解說

依賴光活動的昆蟲

在夜間很活躍的昆蟲，有著以月光為路標飛行的習性。昆蟲之所以會被路燈、露營燈等人造光源所吸引而聚集，就是跟牠們會依賴光的習性有關係。

架好床單打上光後，就會有各式各樣的昆蟲聚集過來，這時可以用放大鏡來仔細觀察。

若是想要看到各種不同種類的昆蟲，可以在夏天的夜裡，到郊外或是樹林附近的公共廁所周圍找找看。幸運的話，說不定可以看到獨角仙飛來飛去喔！

科學觀察

觀察看看狗的尾巴吧！

試著做做看！

狗會用尾巴來表現自己的心情。請觀察牠們在被餵食的時候、有陌生人接近的時候等，尾巴各會呈現什麼樣的狀態？

插圖／Kaniko

觀察

尾巴扮演著各種不同的角色

動物的尾巴，會依照各種不同的目的來使用，如：維持身體的平衡，或當作攻擊敵人時的武器等。被敵人攻擊的蜥蜴，還會切斷尾巴，趁敵人的注意力被轉移時逃走呢！

插圖／Kaniko

★植物放大鏡

蘿蔔舞會

我忘得一乾二淨。
喝到一半的飲料，
就放在桌子上。
要是被貪吃鬼哆啦A夢看到，
被喝掉就糟了。
※吸吸吸
チュー
是罕見的蝴蝶。
住手！
不要欺負我的花。

可是牠偷喝我的飲料…
花!?
那是蝴蝶吧？
是花啊，你看。
這是用「新品種植物製造機」製作出來的。
可以製作出新品種的植物？
與其說是製作，其實是改造啦！
這隻蝴蝶就是由豌豆花改造的。
那要怎麼做呢？
只要在細胞的染色體中的基因動些手腳就好了啊！
所謂的基因就像是製造生物的藍圖。
全拜基因所賜，玫瑰才會開花，南瓜藤才會生出南瓜。
太難了嗎？

我做給你看。
這是鬱金香的球根。
把它放進去。
用雷射手術刀和電子黏著劑將球根重整。
簡單的說，就是重新設計藍圖。
新品種的鬱金香做好了!!
再蓋上「時光布」。
用「時光布」，讓時間到未來…
一下子就發芽了。
ムク
※晃動
逐漸成長。
ニョキ
ニョキ
※長高

好怪的鬱金香喔！
有很多花蜜呦！
可以當果汁喝喔！
真的嗎？
ギュ
※吸住
チュー
※啾
ゴクゴク
※拼命的吸
夠了啦！
好難過喔。
ゴクゴク
※緊緊吸住
好好玩喔！也讓我試試。
又開始了。
不可以亂來喔！
要好好按照我剛說的去做喔！
這有很多花草的種子，
先想好要做什麼才好…
我也要做新品種的鬱金香。

啊……你別亂來啊！
真囉唆。
會做出什麼東西來呢？
先不要知道結果，這樣會比較有趣。
成功培育了。
已經長大了吧？
啾——
救命啊！
因為哆啦A夢很囉唆，所以就作出這種新品種了。
好吧，我來做些有趣的植物吧！
用百合花來試試，
胡亂設計看看……
プク
プップク
※噗咕
プー
※叭

接下來換蘿蔔。
要快快長大喔!
ピョコ
※彈起
這是真的蘿蔔腿耶!
※蹦蹦跳跳
想來試試…
做個交通工具。
不知道能不能成功……
ムクムク
※漸漸變大
好無聊喔……
怎麼都沒有什麼有趣的事啊……
啊!

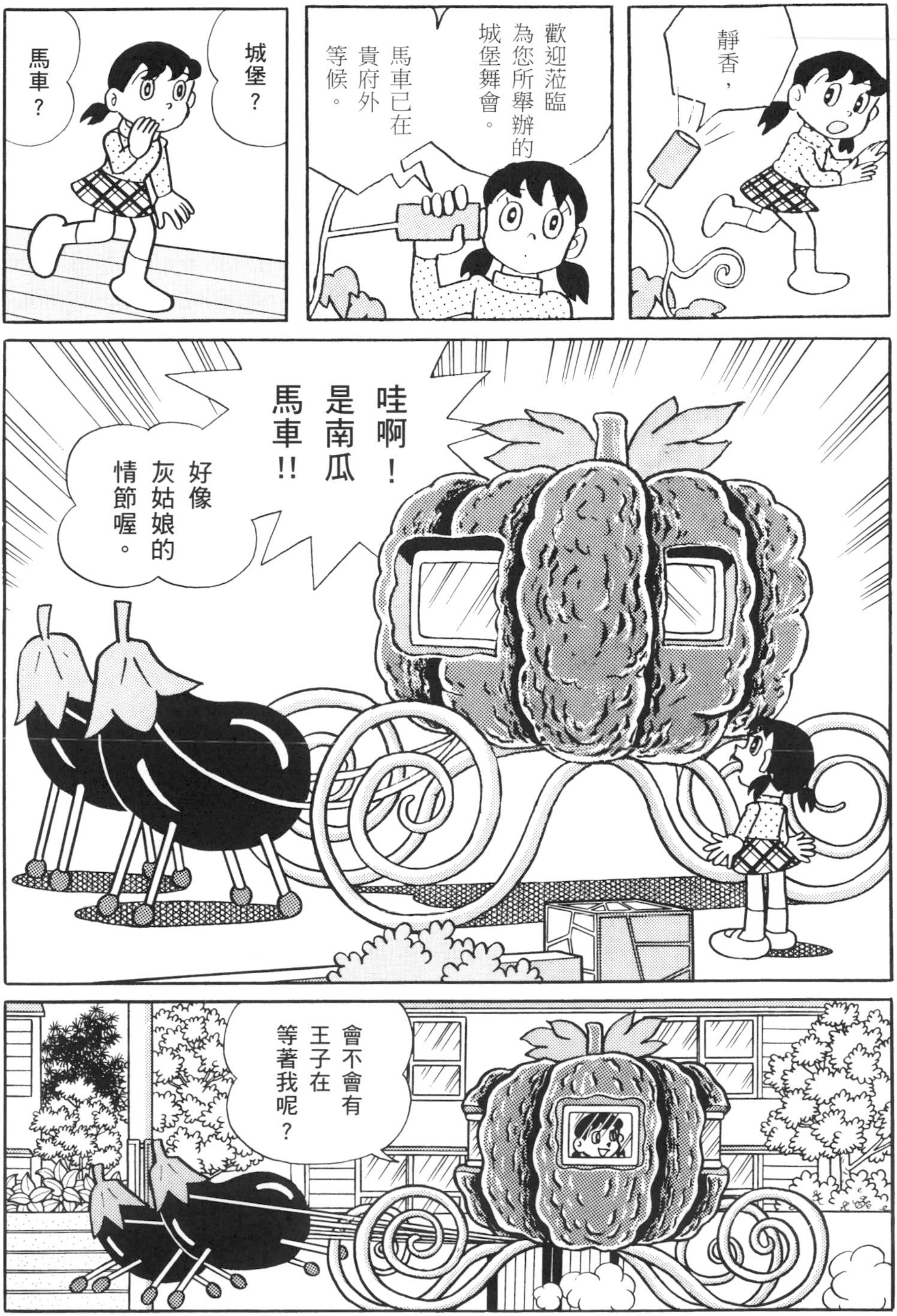
靜香，
歡迎蒞臨為您所舉辦的城堡舞會。
馬車已在貴府外等候。
城堡？
馬車？
哇啊！是南瓜馬車!!
好像灰姑娘的情節喔。
會不會有王子在等著我呢？

什麼嘛～原來是大雄。
沒必要這麼失望吧？
※噗噗噗 ※叮叮噹 ※噹噹噹 ※鏘鏘
很熱鬧的舞會吧？
只有蘿蔔在跳舞而已。
肚子餓了的話，這裡有水果喔。
好像越來越吵了……
真的耶，真奇怪。
バタバタ
※磅咚磅咚

我不記得我有製作那麼多蘿蔔……
竟然自己繁殖起來了。
大雄!!
二樓要垮了啦！
我要回家了。
大雄……
奇怪……人呢？
媽媽還在生氣嗎？
還在氣頭上呢……
我看你今晚先不要下來比較好。

葉子爲什麼是綠色的？

葉子是植物的能源工廠

動物會吃各種不同的食物來讓身體成長，或藉以獲得活動時所需要的養分。可是植物卻是自己製造這些養分的喔！

植物製造營養的工廠，是位於葉片中的「葉綠體」。

葉綠體具有能夠利用太陽光的能量，從空氣中的二氧化碳及由根部吸上來的水中製造出養分，再把多餘的氧氣釋放出來的機制。這個機制就稱為「光合作用」。

雖然太陽光看起來是白色的，但是其實是彩虹的七種顏色全部包含在裡面。葉片中的葉

光合作用的機制
太陽光
綠色
在太陽光中含有各種不同顏色的光。由於葉片會反射綠光，所以我們看它的時候就會覺得是綠色的。
吸收紅光和藍光
反射綠光
水
氧氣
葉綠體
營養
利用太陽能製造營養。
葉片
二氧化碳

綠體為了要進行光合作用，就會吸收太陽光中的紅光和藍光，然後反射綠色的光，所以葉片看起來才會是綠色的。

秋天時葉片變色的祕密

為什麼有些樹木在秋天時葉片會全部掉光光呢？在秋天和冬天時，太陽光比較弱，太陽出來的時間也變短，葉片中的葉綠素就沒辦法製造出足夠的養分。若是有葉子的話，反而會消耗掉許多養分及水分，所以就會讓葉子掉落，靜靜的等待春天。

為了要讓葉片掉落，樹木會在葉片和樹枝之間蓋上蓋子。這樣一來，葉片裡面就會發生像下圖般的變化，讓綠色的葉子變成黃色或是紅色。

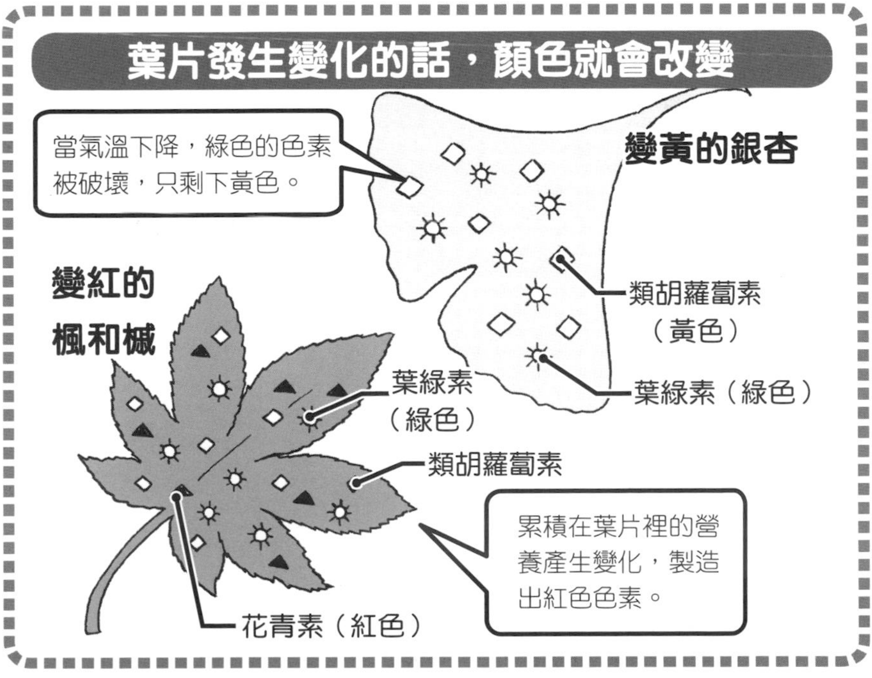
葉片發生變化的話，顏色就會改變
當氣溫下降，綠色的色素被破壞，只剩下黃色。
變黃的銀杏
類胡蘿蔔素（黃色）
葉綠素（綠色）
變紅的楓和槭
葉綠素（綠色）
類胡蘿蔔素
累積在葉片裡的營養產生變化，製造出紅色色素。
花青素（紅色）

花爲什麼會散發出香味？

花會引誘昆蟲
花會以花瓣的顏色或花的香氣、甜甜的花蜜來引誘昆蟲靠近。

用甜甜的花蜜來引誘昆蟲的花

植物為了要留下子孫，會製造種子。但是為了要製造種子，就得將雄蕊的花粉沾到同種花的雌蕊上面去才行（因為沾到自己的雌蕊上也沒辦法結種子）。因此，就有許多植物會讓花釋出很香的氣味或是花蜜來吸引昆蟲，讓牠們幫忙傳送花粉。

當被香氣吸引而來吸食花蜜的蜂類和蝶類停留在花上面，或是鑽到花裡面的時候，花粉就會沾在牠們的腳或身體上，於是當牠們停到別朵花上的時候，很自然的，花粉就會沾到雌蕊上了。

花的顏色和形狀也下了工夫

A

為了引誘昆蟲，不是只有很香的氣味就足夠的。在顏色鮮豔的花瓣、花的形狀上也都下足了工夫。之所以會有那麼多顏色光鮮亮麗的花，其實是為了要讓自己變得醒目、聚集昆蟲的工夫。其中又以黃色的花最能吸引各種不同的昆蟲。一般認為花天牛等甲蟲比較容易聚集在白色的花上，蜂類則容易被紫色或藍色的花吸引。草莓等扁平花朵，雖然會有各種不同的昆蟲造訪，卻經常只有被吸走花蜜而已。花形呈現複雜形狀的紫斑風鈴草及溪蓀等的花蜜因為很難被吸到，只有靈巧的蜂類才能獲得它們的蜜，而且當牠們鑽進花朵裡面時，花粉也比較容易沾上去。

花朵形狀的祕密

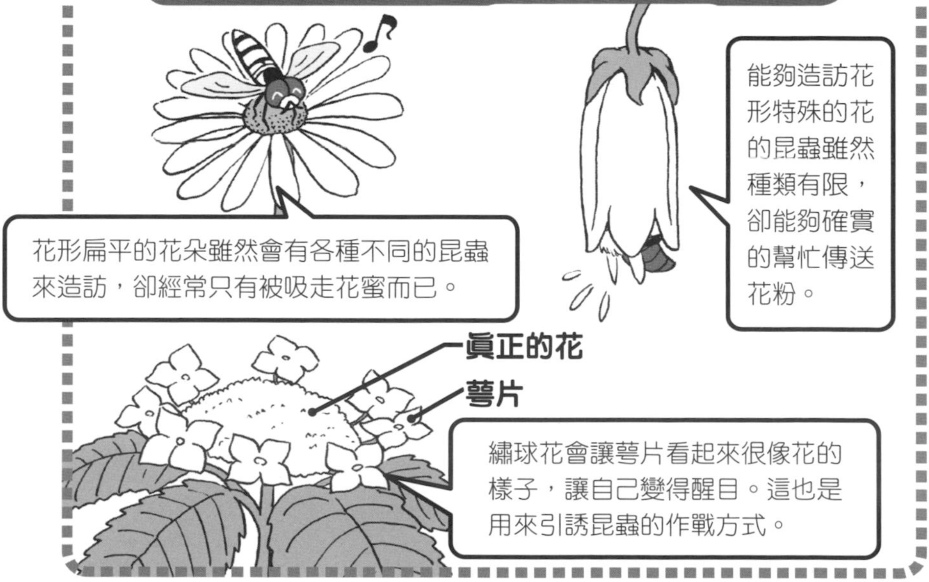
花形扁平的花朵雖然會有各種不同的昆蟲來造訪，卻經常只有被吸走花蜜而已。
能夠造訪花形特殊的花的昆蟲雖然種類有限，卻能夠確實的幫忙傳送花粉。
真正的花
萼片
繡球花會讓萼片看起來很像花的樣子，讓自己變得醒目。這也是用來引誘昆蟲的作戰方式。

樹木能夠活多久？

有能夠活好幾千年的樹木

▲加拉巴哥象龜，是陸龜的一種，

人類的平均壽命，大約在七十年至九十年左右。在現今所留下的紀錄中，最長壽的人活到了一百二十二歲。然而，在動物之中，陸龜類有活到超過一百五十年以上的紀錄，

所以牠們是能夠活得最久的動物。

跟動物相較之下，植物中的樹木有許多都能夠活得非常非常久。在美國，有活了四千五百年以上的世界爺以及大盆地刺果松等。在日本則是以屋久島（九州鹿兒島縣）的屋久杉，有活到超過兩千數百年的紀錄。山毛櫸、櫸樹以及銀杏的壽命都在

▲屋久島上有許多已經活了 1000 年以上的屋久杉！

三百年以上，櫻花樹及栗樹也都可以活上幾十年。不過其實對於樹木的壽命，到現在還沒有通盤了解。樹木即使有一部分已經死亡，也能夠繼續活下去，只要不生病，而且滿足成長條件的話，大致上是可以一直活下去的。

A 以年輪來計算樹木的歲數

比人類還要長壽的樹木，它們的歲數究竟是怎麼數出來的呢？雖然從外觀上看不出來，不過只要計算樹幹橫著切斷之後的橫切面上出現的年輪數目，就能夠知道它們的歲數。

樹木在夏天時生長得很快，在冬天的生長速度很慢。所以顏色淺、幅度寬的年輪是夏天生長的部分；顏色深、幅度窄的年輪是冬天生長的部分。由於這種深淺配對顯示出的是樹木在一年之中成長的大小，所以只要計算有多少個深淺配對，就能夠知道樹木的年齡了。

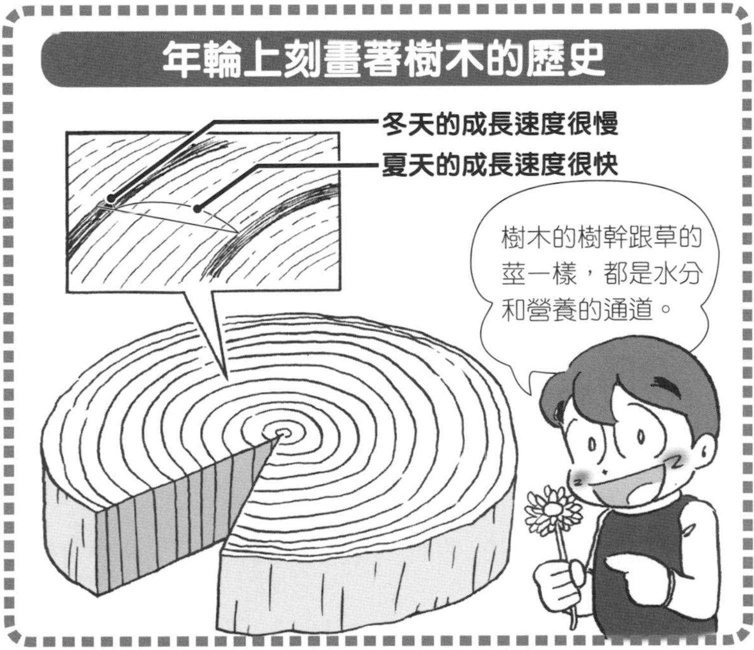
年輪上刻畫著樹木的歷史
冬天的成長速度很慢
夏天的成長速度很快
樹木的樹幹跟草的莖一樣，都是水分和營養的通道。

傑克豌豆

「傑克豌豆」。
埋在土裡後馬上就會發芽。
一澆水就會……
ムク
ムク

※ 娑娑

道具解說

像童話故事《傑克與魔豆》那樣，會一直一直往上生長到雲層上面的豆子（傑克豆）。只要在剛發芽的時候就抓住豆莖的前端，就不必在事後才特地往上爬了。只要喊一聲「復原」，就能夠變回原本的豆子。

▲如果說出像「往南方延伸」這樣的想要去的方位，也可以往橫向生長喔！

◀不停不停的往上延伸，終於到了雲層上方。這時只要使用「雲朵凝固瓦斯」這種祕密道具，就能夠將雲變硬，讓大家在上面玩耍。

植物成長速度與高度的紀錄

有一種植物能夠在短短的一天之內，就成長到比大家的身高都還要高的高度，那就是在日本除了北海道以外，在亞洲各地也普遍都有分布的「孟宗竹」。尤其是當它們在還是很年輕的芽的「竹筍」時期，它們的成長速度更是特別的快。曾經留下了一天生長一公尺以上的驚人紀錄。

那麼，世界上最高的植物是什麼呢？答案是美國加州的「長葉世界爺」，居然有大約一百公尺高！如果以大樓來比喻的話，大概是二十五至三十層樓的高度。而且長葉世界爺好像還在繼續生長，搞不好哪一天就真的長到雲端上去了！

蔬菜跟水果究竟哪裡不一樣？

西瓜和草莓也是蔬菜？

在日本負責管理食物的機構農林水產省，把一年內能夠收穫的根、莖、葉和果實等食物稱為「蔬菜」；結在樹木上，而且可以採收很多年的果實稱為「水果」。所以在農地裡每年都能夠收穫的西瓜、在草上結果的草莓，其實都算是蔬菜喔！

雖然這對農家來說是很簡單易懂的分類方法，不過一般在市場或是店鋪中，大都是把調理後拿來當成配菜的稱為蔬菜，直接當點心吃的稱為水果。

哪些是水果呢？

雖然酪梨不甜！
蘋果
西瓜
蘋果是長在樹上的果實。
酪梨
草莓
答案
水果是蘋果和酪梨。在樹上結出來的果實稱為水果。
草莓不是長在樹上的。

植物結實的理由

A

正如動物會生小孩或產卵一樣，植物也會製造傳承自己生命的種子。不過由於植物不會動，所以即使生產了種子，也沒辦法自己把它們帶到遠方去。於是植物必須借重動物的行動能力，為了要讓動物幫忙把種子帶到別處去，植物就結出了美味的果實來請動物吃。

被堅硬的外殼包裹住的種子，動物在吃下後沒有辦法消化，於是就直接和動物的大便一起被排出體外丟掉，種子也就因此得以在新的場所發芽了。

栗子和橡實，這些種子本身都是營養豐富的食物，也是松鼠和老鼠最喜歡吃的東西。不過由於松鼠具有把吃不完的橡實等東西藏在土裡的習性，所以這些被遺忘的種子就有機會能夠長出芽了。

讓種子被帶到遠方的方法
即使沒有美味的果實……
種子上有刺或倒鉤，黏在動物的毛上面，被動物帶走。
野鳥在吃了果實之後，種子沒有被消化，跟著糞便一起被排出體外。
松鼠會把吃不完的橡實藏在土裡等地方，但是有時候會把它們忘得一乾二淨。

無籽葡萄是怎麼做出來的？

品種改良
無籽葡萄吃起來真方便。
茄子和白蘿蔔等從以前就被栽培出很多種類。
還開發出好多種的迷你蔬菜！
圓茄
千成茄子
矮茄
長茄
迷你小黃瓜
迷你青江菜
迷你胡蘿蔔
小番茄
迷你南瓜

人類製造出來的新作物

原本在葡萄裡面都是有種子的，不過大家應該都有在市場上看過或吃過沒有種子的葡萄吧！這個所謂的「無籽葡萄」，其實是人類製造出來的喔！

就在距今大約五十多年前，有人在葡萄的花上面滴了幾滴勃激素（gibberellin），這是一種植物在成長時需要的荷爾蒙，之後偶然間種出了沒有種子的葡萄。後來又經過了許久的研究與改良，便逐漸種出我們現在看到各式各樣不同種類的「無籽葡萄」了。

由於品種改良而變得更美味

A

即使是同一種蔬菜或水果，也有各種不同形狀、大小、顏色的種類（品種）。這些大多數都是人類為了想要種出更好吃的食物而製造生產出來的。例如把不同種蘋果的花粉沾到雌蕊上來培育種子，就能夠產生更好吃的蘋果。反覆的進行這個過程，就能夠製造出更好吃的新種蘋果，這就稱為「品種改良」。

最近針對以人類的力量來改變、決定作物形狀或味道等被稱為身體設計圖的基因，以製造出更好吃、更容易培育的作物的技術研究不停的在進步。雖然是很優秀的夢幻技術，但是由於並不是天然的，所以也有人認為當中有很多問題值得多加考慮。

新技術的研究
對害蟲或疾病有較強抵抗力的蔬菜。
不管收穫多久也都還很新鮮的番茄。
可口的番茄
改變蔬菜水果的部分基因，製造不容易腐壞或比較不容易生病的品種的研究，也正在進步中。

爲什麼森林很重要？

保護培育生物的森林

地球上的森林正在以飛快的速度減少中。光是在最近這十年，就已經有相當於日本國土面積一點五倍大的森林消失不見。雖然日本的國土面積大約有百分之七十是森林，不過其中有一半左右是經由植林所種出的人工林，沒有經過人手干預的森林，只有不到整體的百分之二十。

森林是野生動物的重要棲息地，在森林中有許多的生物，互相依賴支撐著活下去。正因為森林裡有著各種不同的生物，才能夠讓森林保持豐饒富庶。

豐饒的森林保護著生物

若是沒有森林，人類也沒有辦法生活

森林不只是木材的產地而已，它在我們的生活中扮演著很重要的角色。其中之一是釋出生物生存所必要的氧氣，並且幫我們吸收二氧化碳。在燃燒石油等能源時所伴隨產生的二氧化碳，成為環境很大的問題，森林能夠幫助減少這些二氧化碳。

此外，特別是在天然的森林中，落葉堆積所形成的鬆軟豐厚土層，具有儲存雨水的效果，被稱為是「綠色水壩」。若是沒有森林的話，雨水就會直接流到河川中，很容易引發洪水。並且，森林裡的樹木把樹根深紮在土壤中，對防止坍方和土石流的發生有很大的幫助。森林土壤中的養分，透過水從河川流入大海，也具有培育海洋生物的功用。

森林支撐著人類的生活

森林扮演著釋出氧氣、讓氣溫下降等，防止全球暖化的角色。
森林能夠防止山上的土石崩塌。
森林能夠儲存水分，也被稱為「綠色水壩」。
森林中的養分透過河川被送到大海中，可以培育魚類等。

試著做做看！

假如將百合花、菊花等白色花的莖，插在以墨水或是食用色素染了色的水裡面，花的顏色會變成怎麼樣？會很順利的染成跟水一樣的顏色嗎？

由於吸水的力量因花而異，所以要觀察 1 ～ 3 天看看。畫圖用的顏料效果不好，建議不要使用喔！

插圖／Kaniko

準備

- 白色百合（白色玫瑰、菊花等也可以）
- 水性墨水（食用色素也可以）
- 杯子（小型的寶特瓶也可以）

假如把莖分成兩半插入 2 種顏色的水中，會變成什麼樣子呢？
如果成功了！

白色花瓣會染成墨水的顏色。若是把莖分成兩半，插入 2 種不同顏色的水中，花的顏色就會每邊各自染成不同的顏色。

解說 植物的莖是水的通道

生物為了生存會需要水，並且在體內含有非常多的水分。雖然我們是用嘴巴喝水，植物卻主要是用根來吸收土壤中的水分。然後水會經由莖被吸上來，送到葉子和花上。

因為需要經過這些過程與作用，所以只要把莖插在染了色的水中，花就會被染上顏色。它們被染色後看起來之所以是一條一條的，是因為花瓣中有讓水通過的管子。而被吸上來但卻過多的水分，則會和人類流汗一樣，被釋放到空氣中。

★恐龍時代通行證

整體復原液

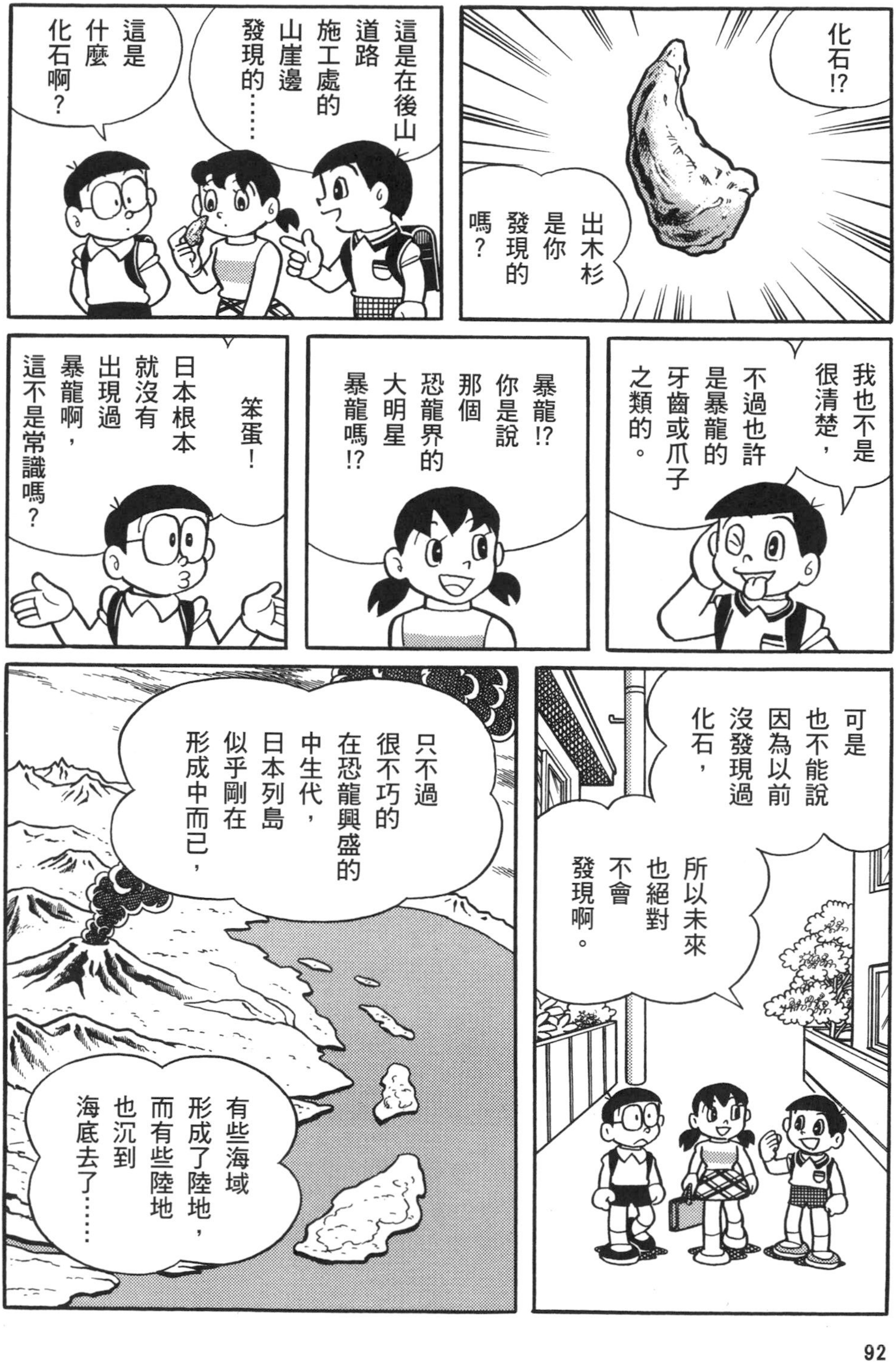
化石!?
出木杉是你發現的嗎？
這是在後山道路施工處的山崖邊發現的……
這是什麼化石啊？
我也不是很清楚，不過也許是暴龍的牙齒或爪子之類的。
暴龍!?你是說那個恐龍界的大明星暴龍嗎!?
笨蛋！
日本根本就沒有出現過暴龍啊，這不是常識嗎？
可是也不能說因為以前沒發現過化石，
所以未來也絕對不會發現啊。
只不過很不巧的在恐龍興盛的中生代，日本列島似乎剛在形成中而已，
有些海域形成了陸地，而有些陸地也沉到海底去了……

可是，暴龍是在白堊紀快結束的時候才興盛起來，
當時的日本列島大致的雛型也已經形成，
所以即使是生長在別的陸地的暴龍出現在日本，也不奇怪的啊。
我打算再去挖。
這次我一定要挖到完整的化石標本。
如果能挖到就太好了呢！
怎麼可能挖得到，哼！
不過，我也想去挖挖看。
你怎麼這麼貪吃啊!!
這些銅鑼燒，是我買來請客人吃的耶!!
我不知道嘛…
趁客人還沒來之前，趕快去買新的回來。

還妳新的就是了嘛。
「整體復原液」。
把液體滴在銅鑼燒上面。
※啵啵啵
ブクブク
啊～開始冒泡泡了……
※啪啪
就變成完整的銅鑼燒了。
パチパチ
好厲害喔!!
只要有小碎片，就能夠復原成原來的樣子嗎？
那麼…比方說這個……
被撕掉的一頁漫畫、
或是壞掉的玩具零件都可以嗎？

把它滴在上面…
真的恢復原狀了!!
!!!
我想到一個好主意了！
這個借我!!
你又想到什麼鬼主意了……
才不是什麼鬼主意。
我可是為了全日本著想喔。
剛剛的化石可以再借我看一下嗎？
當然可以啊。
啊!!
カチャ
啊啊，碎掉了啦。
真是對不起。

※ 鏗

這一小片碎片我拿走囉。
我會恢復原狀還你的。
他說是在後山施工處發現的。
喔～～出木杉是在這裡挖到化石的嗎？
是啊，雖然只是小小的牙齒。
「噴射地鼠」借我一下。
先把化石的碎片埋進去，再滴入復原液。
ガッ

※喀

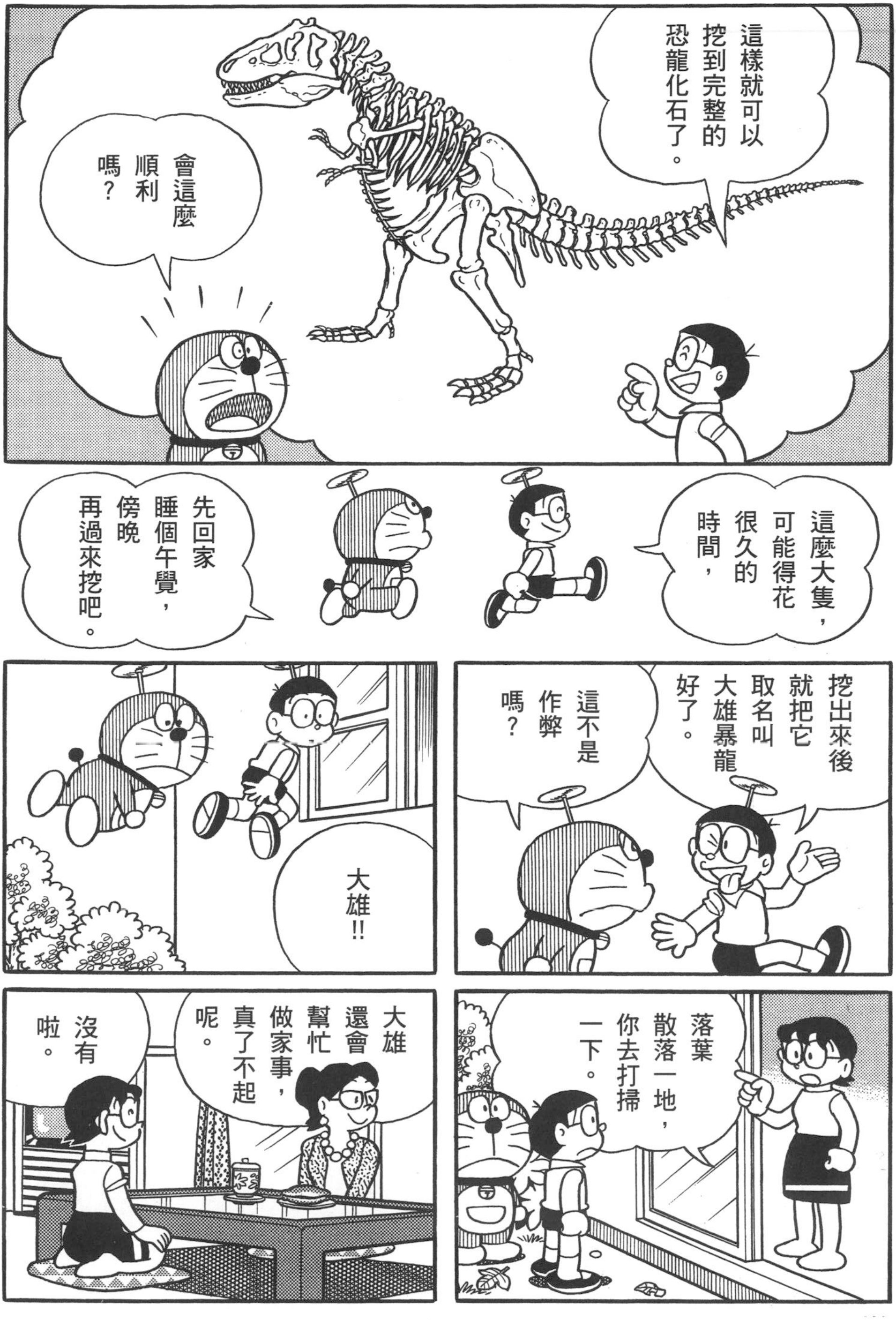
這樣就可以挖到完整的恐龍化石了。
會這麼順利嗎？
這麼大隻，可能得花很久的時間，
先回家睡個午覺，傍晚再過來挖吧。
挖出來後就把它取名叫大雄暴龍好了。
這不是作弊嗎？
大雄!!
落葉散落一地，你去打掃一下。
大雄還會幫忙做家事，真了不起呢。
沒有啦。

原本打算睡午覺的。
偶爾掃掃落葉也不錯啊。
太好了，總算打掃乾淨了。
咳咳 咳咳!!
落葉溼溼的，燒不起來嘛。
跟這些碎紙一起燒吧。
原來如此，這樣就燒得起來了。
我再去多拿一些碎紙過來。
天助我也。
把我藏了好久的考卷燒掉。

※電話聲
リリリン
リリリン
喂~你好，這裡是野比家。
啊！老公？怎麼啦？
咦？夾在報紙裡的廣告……
※唰~
你爸爸說他在廣告單的背面寫了重要的東西!!
啊啊，全都燒掉了……
不用擔心啦。
只要把復原液滴在上面……
啊……
啊……
妳看！全都恢復原狀了!!
這是什麼!?
野比大雄
0

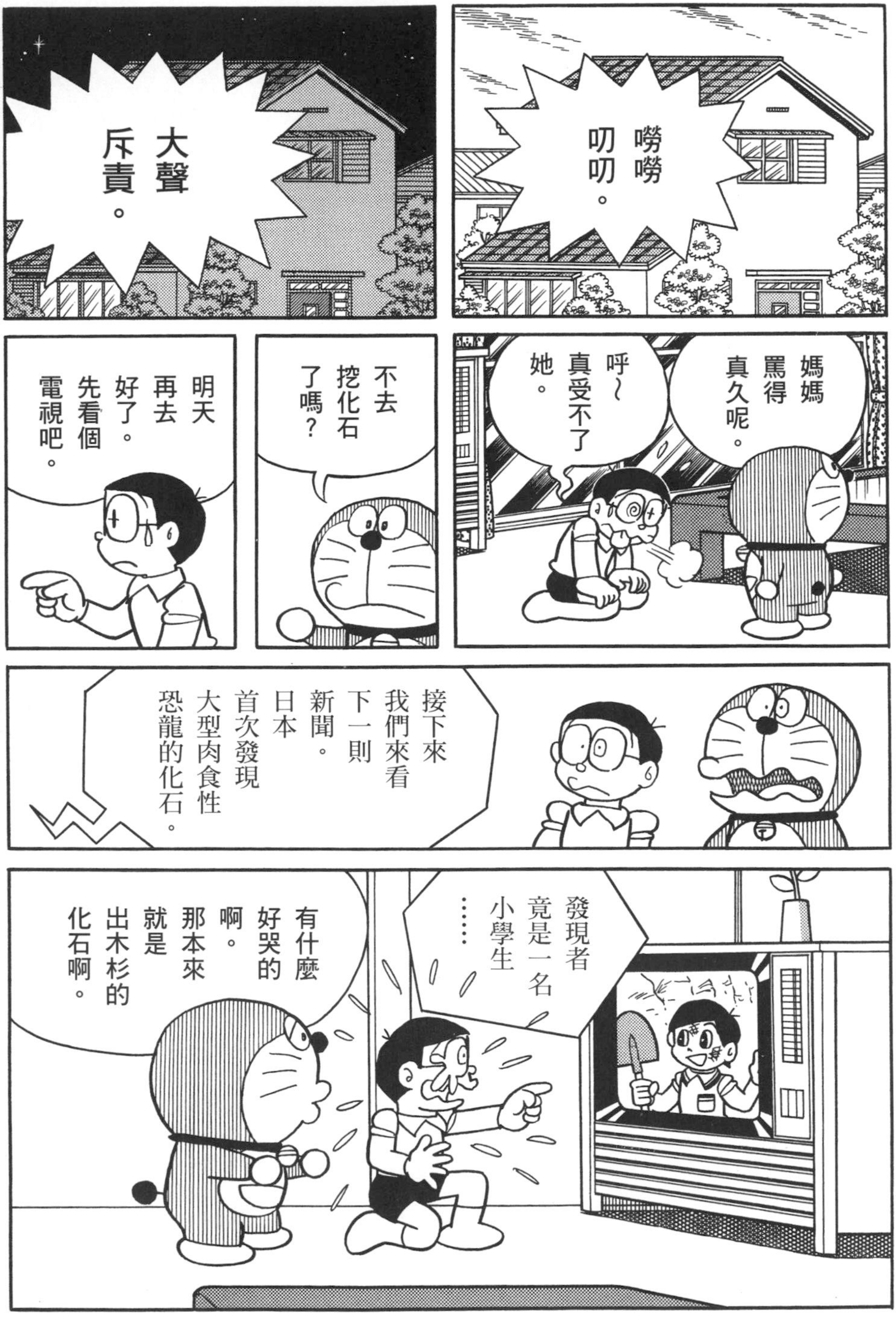
嘮嘮叨叨。
大聲斥責。
媽媽罵得真久呢。
呼~真受不了她。
不去挖化石了嗎？
明天再去好了。先看個電視吧。
接下來我們來看下一則新聞。日本首次發現大型肉食性恐龍的化石。
發現者竟是一名小學生……
有什麼好哭的啊。那本來就是出木杉的化石啊。

暴龍有羽毛？

發現了具有羽毛的恐龍化石！

大家有沒有在電影或是一些百科圖鑑中看過暴龍呢？牠們是不是都有著巨大的身體和尖銳的利牙，身體的表面則是像蜥蜴一樣被鱗片覆蓋。

其實這些都是研究者們以至今被發掘出來的化石為基礎，所想像出來的暴龍姿態。但是現在已經逐漸知道這樣的預測，好像跟事實有些不同。

幾年前，在中國境內挖掘出來的暴龍類化石上，發現了羽毛的痕跡。所以現在學者們認為暴龍的全身可能都是被羽毛覆蓋住的。

暴龍是長這樣嗎？

根據最新研究所繪製的暴龍想像圖。

蓬鬆的羽毛看起來好像很暖和。

插圖／山本聖士

恐龍的研究不斷進步中

距今大約五十年前，一般認為恐龍是把尾巴放在地上來支撐身體。那是因為被發掘出來的化石數目還很少，才會有這樣的推測。雖然到目前為止恐龍的研究已經進步了不少，不過要是有新的化石被發現，對恐龍的外形和生活了解的更詳細的話，也許就能夠知道恐龍更正確的樣子了。

以前的暴龍想像圖

和上一頁的插圖做比較，就看得出來有相當大的不同。

插圖／市川章三

錯誤層出不窮的古早恐龍研究

○
正確的骨骼研究有了進步之後，知道牠們並沒有辦法把脖子抬高
×
從前認為脖子長的恐龍是把頭抬起來吃高樹上的葉子。

恐龍時代出乎意料的寒冷

恐龍生存的時代，遠比現在要來得溫暖。但是根據最近的研究，知道了恐龍最為繁盛的白堊紀，是出乎意外的寒冷。此外，在這個時代的北極和南極附近，也有恐龍在那裡棲息。這些地點在冬天時的最低氣溫有可能會降到攝氏十度以下，恐龍可能是藉由覆滿全身的羽毛讓自己撐過這種寒冷。

恐龍能夠調節體溫

蜥蜴和鱷魚等爬蟲類由於沒辦法自己調節體溫，所以在氣溫低的時候就動不了。雖然從前認為恐龍應該也是如此，不過現在已經知道牠們是能夠讓體溫保持一定的動物。牠們可能因為具有這樣的能力，才能夠在炎熱和寒冷的環境下都能生活喔！

能夠調節體溫的恐龍，可以在各種環境和季節活動。

會經有過哪些種類的恐龍？

恐龍可以分成兩大類

恐龍大約是在距今兩億三千萬年前出現，然後一直存活到距今大約六千五百五十萬年前左右。在這段期間當中，雖然有各種不同的恐龍誕生，不過大致上可以將牠們分成兩大類。

其中一類是「蜥臀類」。牠們是具有和蜥蜴類相似的骨骼的恐龍，暴龍和脖子很長的約巴龍（*Jobaria*）等都是屬於蜥臀類。

另外一類則是具有和鳥類相似的骨骼的「鳥臀類」，鳥臀類當中又以三角龍和劍龍最為人所知。

▲約巴龍

蜥臀類

插圖／山本聖士

被稱為恥骨的骨頭像蜥蜴般朝向前方的恐龍，被稱為蜥臀類。

插圖／小田隆

鳥臀類

恥骨像鳥類一樣朝向後方的，則被稱為鳥臀類。

插圖／小田隆

▶三角龍

讓我來告訴你 恐龍和爬蟲類有何不同

恐龍是和爬蟲類很相近的動物，不過牠們卻有兩個很大的不同點。其中之一是能夠調節體溫，另一個是腳部的骨骼結構不一樣。連結恐龍的腳和腰部的關節非常堅固。腳的基部嵌進骨盤中，垂直往下延伸。一般認為牠們就是因為如此，才能夠比爬蟲類更靈活的活動，並因此變得非常繁盛。

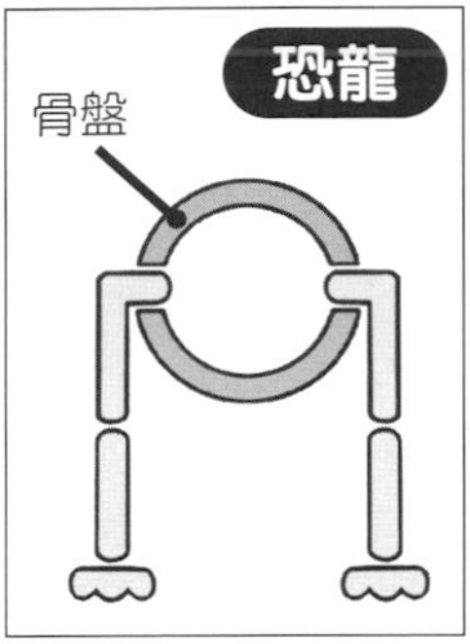

▶嵌在骨盤裡的腳，垂直的往下延伸。

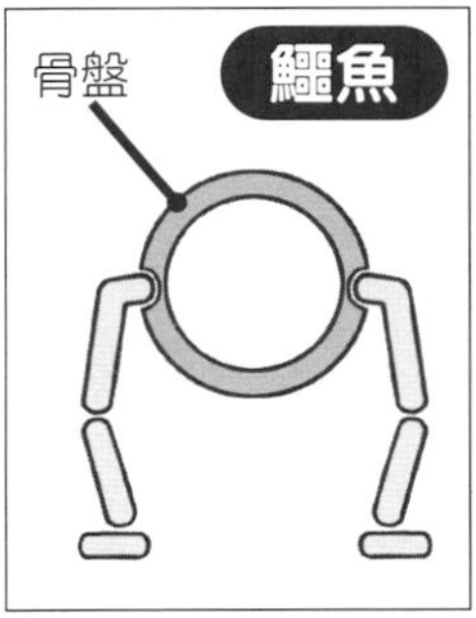

▶稍微往側面伸出的腳，和骨盤之間的連結很弱。

容易被誤認爲恐龍的大型爬蟲類

◀帆龍。可長到3公尺以上，非常兇猛的肉食性爬蟲類。
插圖／菊谷詩子

▲翼龍。能夠在空中飛行的爬蟲類，以魚類為食。
插圖／風美衣

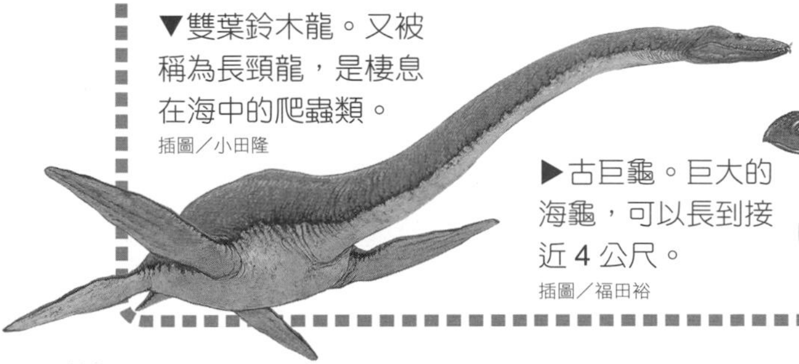
▼雙葉鈴木龍。又被稱為長頸龍，是棲息在海中的爬蟲類。
插圖／小田隆

▶古巨龜。巨大的海龜，可以長到接近4公尺。
插圖／福田裕

恐龍為什麼會滅絕？

巨大的隕石撞擊了地球

大約在六千五百五十萬年前，恐龍突然從地球上消失無蹤。

滅絕的原因，有一說是因為當時有一個直徑大約十二公里的巨大隕石掉落在地球上。這個大撞擊所產生的灰塵遮蔽了太陽光，導致地球溫度大幅下降。

此外，也有人認為隕石的撞擊引發了大地震和大海嘯，造成了各種不同的災害。也就是因為這樣的環境急劇變化，加上接二連三所發生的大災害，導致了恐龍的滅絕。

巨大隕石的撞擊

▲大約在 6550 萬年前，巨大的隕石掉落在墨西哥附近。

激烈的撞擊與伴隨其後的各種大災害，接二連三的威脅了恐龍的生存。

恐龍現在也還活著

A

插圖／山本匠

始祖鳥

有許多恐龍都具有像鳥類般的羽毛喔！

滅絕了的恐龍，改變了外形變成大家都知道的動物，現在也還生活在地球上！你們認為那是什麼？答案是「鳥類」。比較鳥類和恐龍的骨骼時，知道了在牠們之間有許多共通點。

確實，以著名的始祖鳥為首，發現了很多具有羽毛的恐龍化石。假如恐龍是鳥類的祖先，那麼在暴龍身上有像鳥類般的羽毛，也就不會令人太驚訝了。

影像提供／Yellow Two Company 井原信隆

恐龍和鳥類相似的地方

從許多的研究中，了解到恐龍和鳥類在羽毛和骨骼等構造上的共通點。

恐龍的骨骼

鎖骨

在手腕中間，有一塊連結左右兩邊的V字型鎖骨。

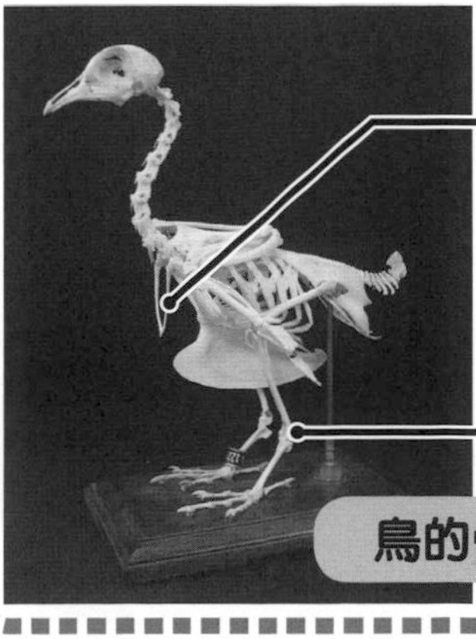

有相同的腳趾結構

食指、中指、無名指皆朝向前方，也是牠們的共通點。

鳥的骨骼

影像提供／土屋英夫

國際保育類動物噴霧

「國際保育類動物噴霧」。

你在做什麼？
※嘶嘶

我會好好珍惜你的。

道具解說

只要被這種噴霧器噴出的瓦斯噴到，身體就會釋出一種特別的氣味，於是會被周圍的人當成珍稀動物，受到很好的保護。這是為了保護瀕臨絕種動物而製造出來的。

※嘶嘶

▲▶ 雖然目前世界上的人口大約為 70 億人，但是「葉大雄」也確實是只有這一個而已。只不過稀有，有時候並不都是好事情。

開始增加的朱鷺

雖然恐龍是在很久很久的遠古時代就已經滅絕，但是現在也持續的有各式各樣的動物和植物正在從地球上消失，例如最近在日本水邊的哺乳類「水獺」成為已絕種動物。把這些已經絕種，或是瀕臨絕種的動物和植物做整理之後所列出來的名單，稱為「紅皮書」。

在日本的紅皮書中，詳列著包含昆蟲類的「龍蝨」和魚類的「日本鰻鱺」等在內的大約三千六百種生物。想讓這些生物再次增加數量，是非常困難的。縱使如此，鳥類中的「朱鷺」也在被人類飼養、野放回大自然之後，生下了好幾隻雛鳥。希望紅皮書中的動植物，即使一點一點也好，全部都能夠增加數量！

遠古地球上有過哪些生物？

生命大約是在三十八億年前誕生

據說地球上最初的生命，誕生在距今大約三十八億年前。一般認為成為許多生命基礎的物質，是在海底火山旁（熱泉噴口）混合誕生的。最初誕生的，是只具有一個細胞的微小生命體，它們是以讓自己的身體分裂的方式，一點一點的增加同伴。

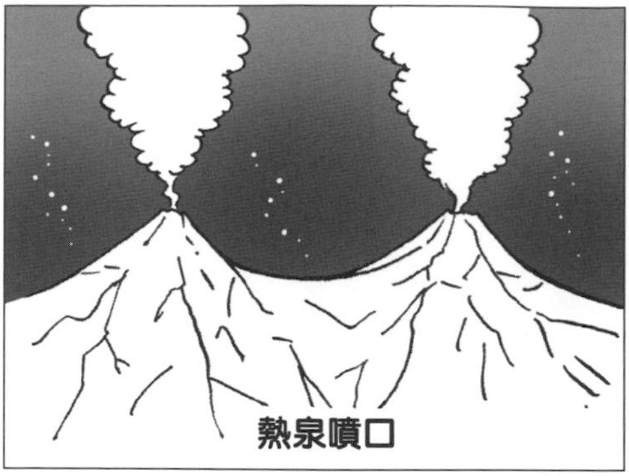

各種時代的代表性生物

插圖／月本佳代美

奇蝦

生存於大約 5 億 3000 萬年前的海中，是最大的肉食動物。

插圖／風美衣

板足鱟

別名為海蠍的動物，生活於 4 億年前。

直角石

在大約 4 億 5000 萬年前很繁盛的鸚鵡螺的同類。

插圖／月本佳代美

生物一邊演化 一邊度過長久歲月

生命花了非常長久的時間，一點一點的逐漸演化至今。大約在距今三十五億年前，有一種名為藍綠菌的生命誕生了。它是能夠攝取太陽光和二氧化碳來製造能量，並且釋出氧氣的生命體。託它之福，地球上產生了氧氣，並接著有了以氧氣為能量活動的生物。生物改變了地球的環境，而環境改變後，新的生物也隨之誕生。

在經過像這樣的長期反覆演化的過程後，在距今大約七億六千萬年前時，動物的祖先總算在地球上誕生了。其身體的結構極為單純，外觀看起來跟海綿很像。

長毛象

存活到至今大約 1 萬年前左右的冰河時期的象類。

插圖／田中豐美

插圖／大片忠明

鄧氏魚

生活於大約 3 億 6000 萬年前的魚，以骨頭鎧甲保護頭部。

始盜龍

存在於大約 2 億 5000 萬年前，是最古老的恐龍之一。

插圖／菊谷詩子

南方古猿

開始以兩腳步行的初期人類，大約誕生於440萬年前。

插圖／田中豐美

為什麼從前的生物會滅絕呢？

當自然環境發生很大的變化時，就是滅絕的危機！

生物是配合自然環境而存活著的。例如棲息在南極的企鵝，身體的條件都是為了配合南極寒冷的環境而演化至今。可是，假如地球環境突然變得比現在熱很多的話，企鵝就會沒辦法生存。

假使地球氣溫有了大幅度的改變、降雨的場所和雨量也有了改變……。

如果這類的事情突然發生的話，很可能就會有許多的生物，因為無法跟上這樣突然的變化而滅絕。

自然環境會產生改變

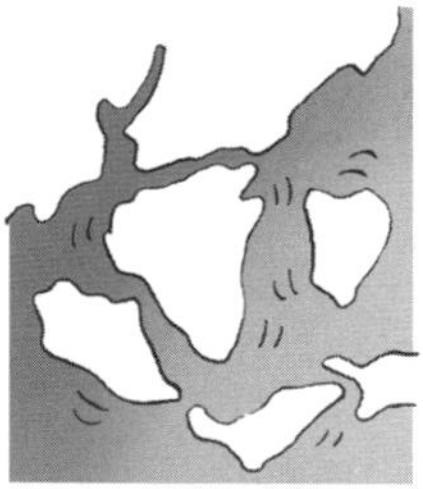

大陸的分裂

大陸花費幾億年的時間在靠近或是分裂。由於這類的活動，海洋的環境也會隨著發生改變。

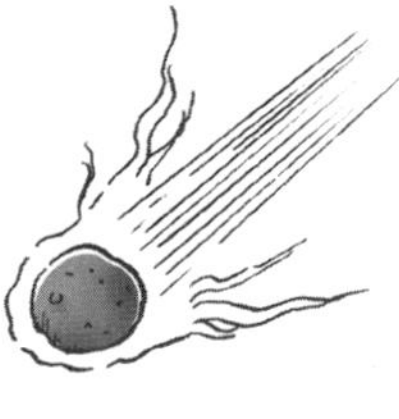

隕石掉落

假如有巨大的隕石掉落，上揚的灰塵有可能會遮蔽住太陽光。也有可能還會引發大地震和大海嘯。

火山大爆發

若是火山爆發，噴出來的火山灰遮蔽太陽光的話，地球就會變冷，草木也會長不好或無法生長。

A 地球生物曾經經歷五次以上的滅絕危機

在生物誕生以來的三十八億年間，地球的環境有過好幾次的大改變。地球整體曾經像北極和南極那樣的結凍。每次遇到這種情形，生物就會面臨到絕種的危機。可是存活下來的個體和物種會配合新的環境而演化。人類之所以能誕生在這個世界上，也是託了生物們在突破幾次的難關之後繼續演化之福喔！

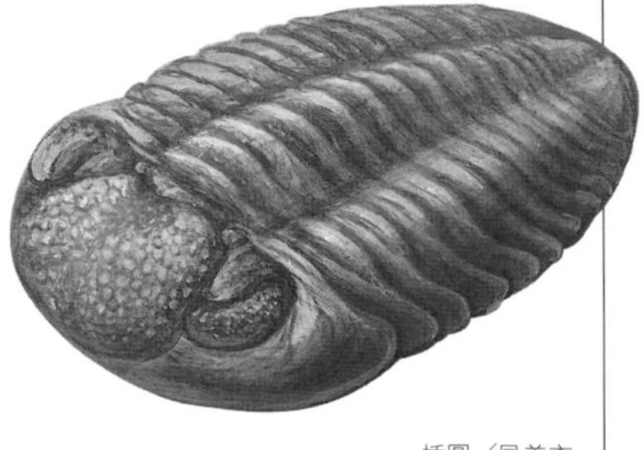

插圖／風美衣

▶繁盛了將近兩億年的三葉蟲。在泥盆紀末期時幾乎全部滅絕了。

主要的大滅絕

在此介紹實際發生於遠古地球上，被稱為「五次大滅絕」的大事件。

現代　1億年前　2億年前　3億年前　4億年前

白堊紀末期的大滅絕

一般認為由於有巨大隕石掉落，讓恐龍和淺海生物滅絕了。

三疊紀末期的大滅絕

大多數的鸚鵡螺類都滅絕了。一般認為原因可能是火山的大爆發。

二疊紀末期的大滅絕

被稱為是地球史上最大的滅絕。大約有將近 95% 的海洋與陸地生物都滅絕了。

泥盆紀末期的大滅絕

大約有 80% 的海洋生物滅絕。可能是由於這個時期的氣溫變化過於激烈所致。

奧陶紀末期的大滅絕

棲息於海洋中的生物有大半都滅絕了。一般認為是由於來自宇宙的輻射線所導致。

Q 有動物是因爲人類而滅絕的嗎？

A 由於食物與狩獵的關係，讓許多的生物滅絕了

很遺憾的，世界上真的有許多生物是因為人類而滅絕的。人類具有能夠製造武器與工具，並且靈巧運用它們的高智能。人類製作初長槍和弓箭，便能夠打倒比自己還要大、還要強的動物，並且把牠們拿來當食物吃。

此外，自從人類發明了槍砲之後，甚至出現純粹只是為了娛樂而打獵的人。也是因為如此，有許多的生物就此從地球上消失無蹤。不過現在人類已經注意到自己的錯誤，對於狩獵也已經做了很多的規範與規定。

因人類而絕滅的動物
日本狼
由於攻擊家畜而被滅絕。
嘟嘟鳥
不會飛的鳥類很容易就能夠捕捉到。
擬斑馬
人類想要牠們的肉和皮，導致牠們滅絕。
旅鴿
為了食用而把牠們全部捉光了。

動物插圖／桝村太一

超過兩萬種以上的生物現在正面臨絕種的危機！

A

目前全世界的人口大約為七十億人，這個數目是五百年前的二十倍以上。自從人類擴大了居住的區域之後，動物能夠棲息的場所也就相對的縮小了。此外，因為人類運用各式各樣便利的工具，也讓環境有了急遽的改變。基於這些原因，就讓兩萬種以上的生物瀕臨絕種的危機。所以思考該如何拯救這些生物的方法，是人類接下來的重要課題。

插圖／水谷高英

▶即將絕種的朱鷺。由於人類的保護，現在數量正在一點一點的增加之中。

瀕臨絕種危機的動物

黑犀牛

獵人們為了奪取牠們被當成藥材的角。

老虎

在九種老虎中，有三種已經滅絕了。

北極熊

由於北極的冰融化，使得棲息地減少了。

紅毛猩猩

由於森林的開發，使得牠們的棲息場所減少。

攝影／廣瀨雅敏

該如何才能挖掘到化石呢？

想知道更多！在化石組合完成前

發現化石後，為了不要傷到它，挖掘時必須非常謹慎。

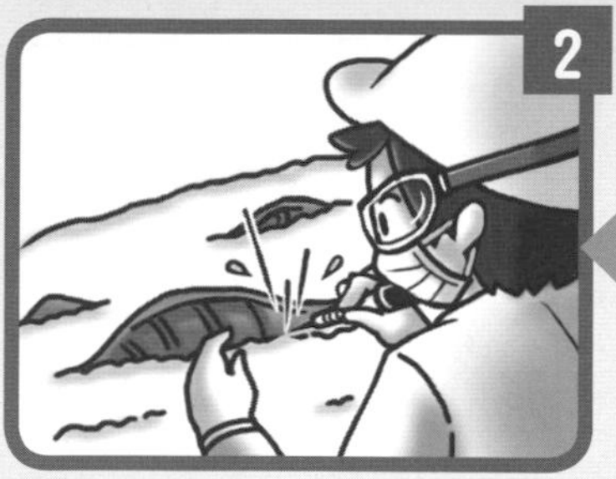

用鑿子或鑽子去除化石周圍的岩石。

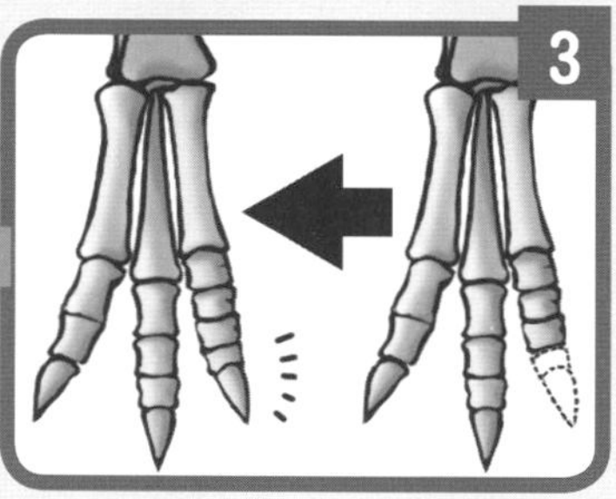

缺少的部份，用塑膠製作之後補上。

一邊想像骨骼的結構，一邊將全身的骨骼組合起來。

插畫／Kaniko

觀察 從化石的形成到被發現為止

在幾千萬年甚至幾億年前的遠古時代，就已經死亡成為骨頭的恐龍化石，為什麼會在現代被找到呢？在這裡就跟大家分享這其中的祕密。

插畫／Kaniko

❶ 恐龍死亡

當生物死亡之後，無論在任何環境下，幾乎都是皮膚和肉會一點一點的腐爛，到最後只剩下骨頭和牙齒。

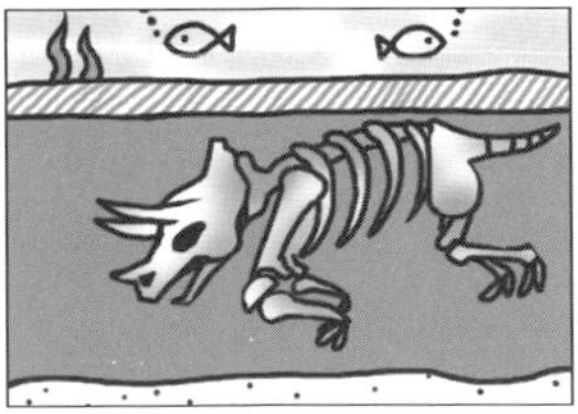

❷ 被土壤掩埋

在長久的歲月中，砂土會逐漸堆積在骨頭和牙齒上。地底下的成分一點一點的滲入其中，讓骨頭和牙齒變得像石頭般堅硬。

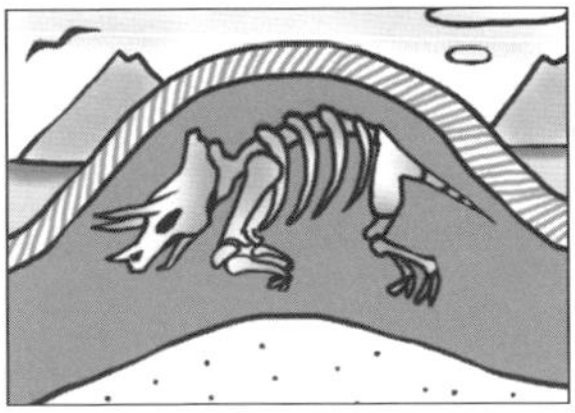

❸ 地面的活動

當發生火山活動時，地面會隆起，讓原本埋在地底深處的化石，被送上來到靠近地面的地方。

❹ 發現化石

由於風和雨，地面被一點一點的削掘，讓化石暴露出來，於是被人類發現。

5 全身的骨骼完成了

其實在博物館展示的骨骼模型都是由塑膠做成的，因為真正的化石非常貴重。

影像提供／Yellow Two Company 井原信隆

你也可能可以發現恐龍化石？

地圖上的●是在日本發現過恐龍化石的地方。你要不要也出門找找化石呢 ？

在福井縣找到了福井龍等許多化石。

照片／福井縣立恐龍博物館

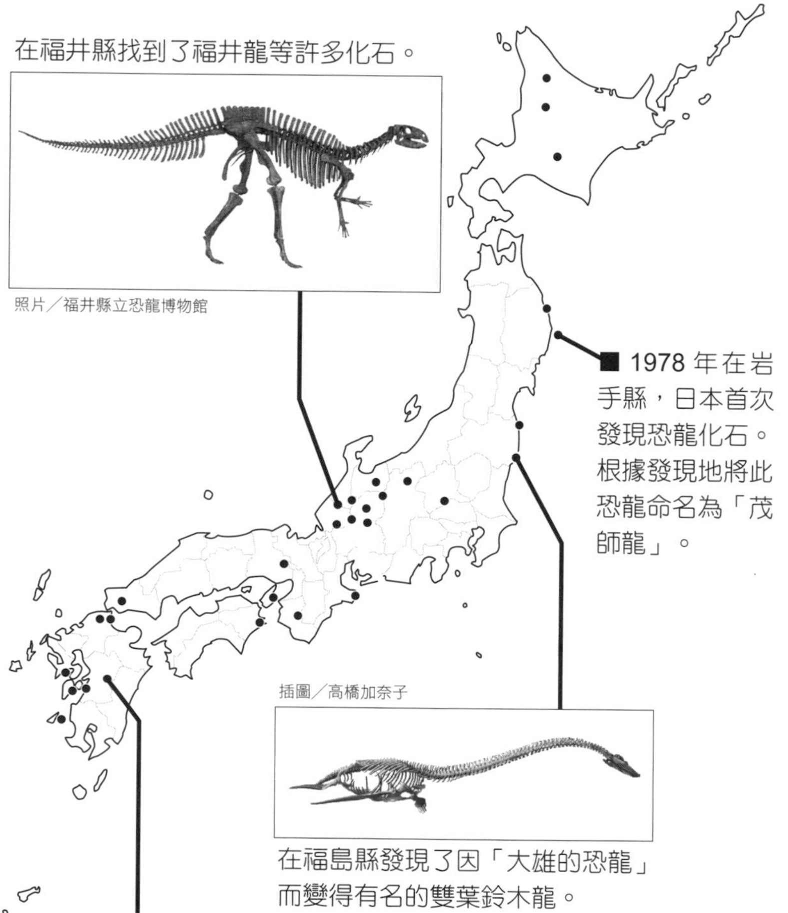

■ 1978 年在岩手縣，日本首次發現恐龍化石。根據發現地將此恐龍命名為「茂師龍」。

插圖／高橋加奈子

在福島縣發現了因「大雄的恐龍」而變得有名的雙葉鈴木龍。

■日本九州的熊本縣於 1982 年發現恐龍牙齒的化石之後，陸續又發現許多骨骸、足跡等化石。

★光與聲音魔法帽

透明人眼藥水

總之這本書，
真的很有趣。
咦咦？真的嗎？
只要使用某種藥物，
人就可以變成透明的。
我知道，那個叫透明人吧！
侵入別人家裡，完全不會被發現。
還可以偷東西。
你不要說內容，我要自己看。
不過呢……你才拿五張紙牌給我，就要借你這麼好看的書，也太便宜你了。
那麼我再多給你一張…
不，多給你二張，把書借我吧！

我把所有的紙牌都給你。
真拿你沒辦法，那就借你吧！
啊……
我要借這本書。
但是那是要借給大雄……
是我先借的。
嗚～～
你先、先看吧。
這跟我們約定的不同，
把紙牌還給我。
我又沒說不借給你，等胖虎看完就輪到你。
什麼時候？
那就看你的努力了，你拚命去催他吧！
雖然我覺得沒有用。
被那傢伙借走的東西，從來沒還過。

絕對不能原諒他!!
問題不光是一本書而已。
我想說的是，朋友之間怎麼可以讓那麼任性的傢伙繼續囂張下去呢！
你說的一點也沒錯。
那種人絕對不可以原諒他。
所以，我想要拜託妳，
因為妳任何事都辦得到。
好啊!!
這種藥擦在傷口上會立刻復原，你可以安心被胖虎揍。
不，我不是那個意思……
你想要變成真正的透明人!?
我不喜歡那麼狡猾的事。
這樣太卑鄙了，我拒絕！

小氣！
妳好頑固!!
哈哈，我知道了。
妳根本沒有變成透明人的藥。
妳不想承認沒有，所以就假裝妳有。
胡說!!
我當然有。沒有什麼事是我辦不到的!!
算了，我不勉強妳。
人又不是玻璃。
把生物變成透明，真難想像。
透明人根本就不存在。
透明生物一點也不稀奇啊。
像是水母、
浮游生物、
或是透明的幼蟲或是小魚。

人類又不是水母。
結合細胞的生命，其原點都是一樣的。
人類的身上也有透明的部分啊！
真的嗎!?
眼球的水晶體和玻璃體。
玻璃體
視網膜
水晶體
那麼我就讓你看看…
會變透明的藥物。
只要點了這種眼藥水，
簡單來說，體內的細胞會變得跟水晶體一樣。將色素分解後，液體會填滿細胞的空隙，把折射率變成零……這些解釋對你來說會不會太難了？
拿走
不行！
ピチュ
※滴下
太遲了。

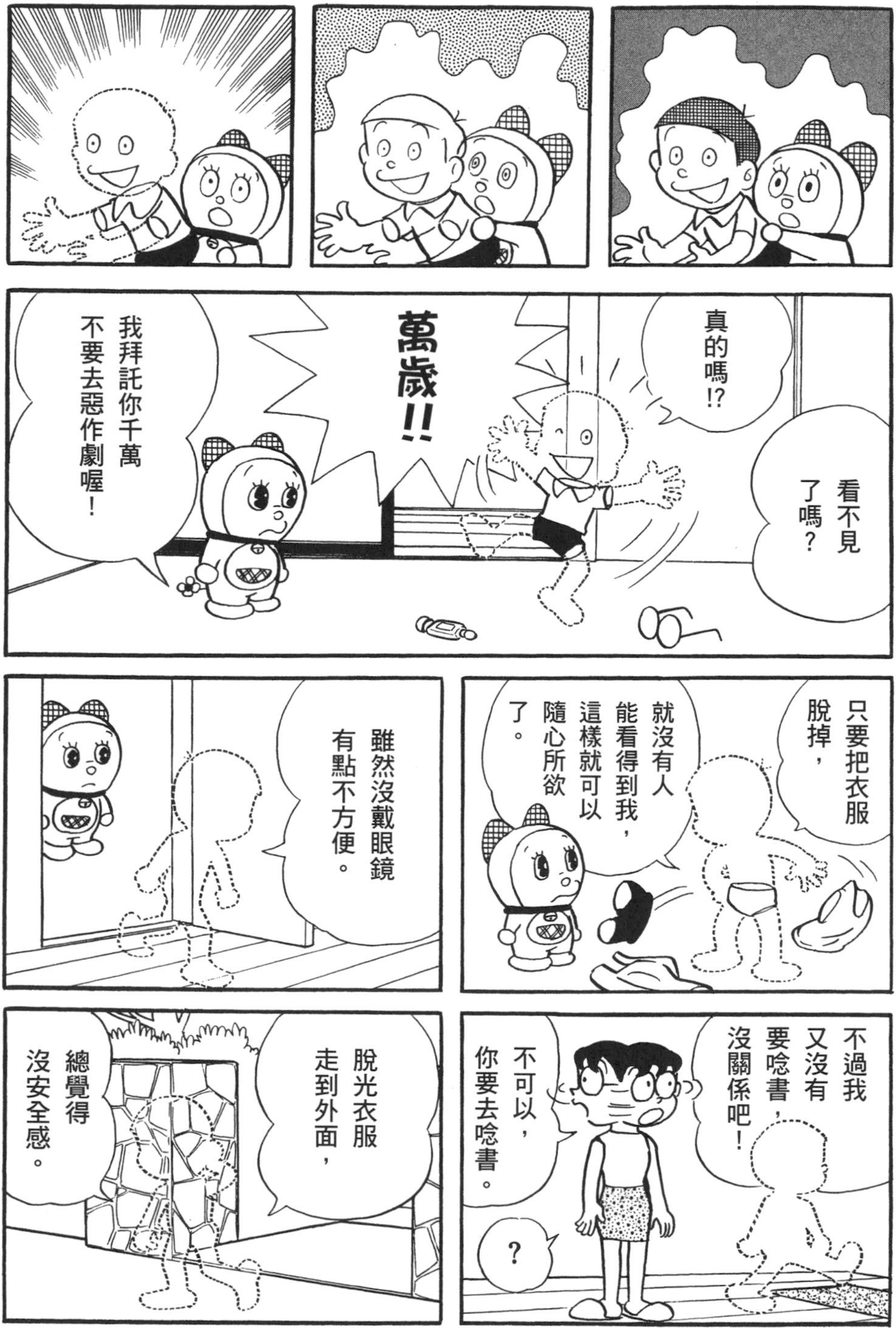
看不見了嗎？
真的嗎!?
萬歲!!
我拜託你千萬不要去惡作劇喔！
只要把衣服脫掉，
就沒有人能看得到我，這樣就可以隨心所欲了。
雖然沒戴眼鏡有點不方便。
不過我又沒有要唸書，沒關係吧！
不可以，你要去唸書。
?
脫光衣服走到外面，
總覺得沒安全感。

サッ
※咻
她們看不見我，真蠢。
？
？
胖虎。
跟你說這種話，你可能會覺得不開心……
如果那本書看完了……你會還我吧？
你的意思好像是我借東西都不會還喔。
我什麼時候沒還了!?我只是借永久的！
換句話說，你就是強盜了！
你有種再說一次看看!!
呃!!

像你這樣馬上動手打人，就證明你很笨。
救命啊！
ギュウ
※ 緊掐住
害他被揍了。
ペッタ ペッタ ペッタ
※ 啪嗒啪嗒
ビタン
※ 啪
這是你從外面踩進來的吧!?
咦！不是我啊！
給我擦乾淨!!

哇啊~
タタタ
※ 噠噠噠
今天怎麼會這麼倒楣啊!!
來看書讓心情冷靜一下吧！
透…透明…人…
看書看得真慢啊。
真正的透明人!?
不…不會吧……
我就是透明人。
我是為了懲罰你的自私而來的。

你說什麼!?
我在這裡！
你給我出來！
讓我看看你的真面目！
太狡猾了！
※捏
※踢
※啪沙
嗚喔—
※咚噠
※啪噠
※啪咚
嗚～媽媽原諒我啊～

熱水已經準備好了。
嗯，我馬上去洗。
是眼藥水啊？
順利拿到書了。
太好了，趕快回復原狀吧。
哇啊～
妳幹嘛那麼驚訝啊!?

Q「看見」是什麼意思？

A 以眼睛感覺光

我們之所以能夠看見東西，其實主要是因為「光」。例如在黑漆漆的地方打開手電筒，就只看得見被光照射到的部分，沒被光照射到的部分，我們便無法看到。在黎明時分，能夠漸漸的看見周圍的樣子，也是由於有太陽光的照射。

手電筒的光和太陽光會照射到各種物體的表面上，再被反射回來，這稱為光的「反射」。我們是因為眼睛感受到這種反射光，才能夠知道物體的形狀、顏色和大小等等。

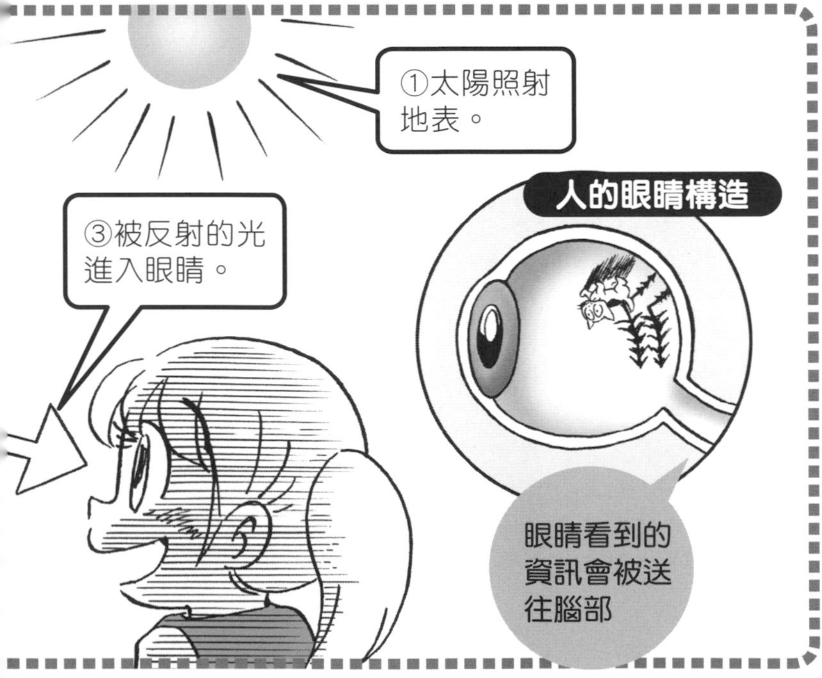
①太陽照射地表。
人的眼睛構造
③被反射的光進入眼睛。
眼睛看到的資訊會被送往腦部

不同的動物看東西的方式也不同

A

人類以外的動物也會以眼睛感知光，並藉以判斷物體的形狀、顏色和大小。

不過有些動物並不一定是以和我們一樣的方式來看這個世界。全部景象看起來都是黑白的、只能夠模糊的看到物體的形狀等，眼睛看東西的方式，會依動物的種類而有所差異。

由於棲息環境或是生活方式的不同，會讓動物眼睛扮演的角色也隨之改變。

不同動物看東西的方式

馬	眼睛位於頭部兩側，雖然能夠看到很寬廣的範圍，卻不大看得到前面的狀況。
猴子	雖然和人類看東西的方法是一樣的，但也有些種類沒辦法區分特定的顏色。
蟲	有些種類雖然能夠以眼睛追逐迅速的動作，但卻沒辦法區別形狀。

看見東西的機制

②物體會反射光。
在沒有照到光的地方，會產生影子

有人類看不見的光？

人眼感覺到強烈的紅、綠、藍

太陽和電燈的光，看起來是什麼顏色？我猜大家若是被這樣問的話，應該都會回答「白色」吧！可是，看起來是白色的光，其實包含了各種不同顏色的光譜在裡面喔！

確認的方法很簡單，讓光照射到CD或DVD像鏡子的那一面上，你就會看到跟彩虹一樣的光的「帶子」喔。這其實是因為反射光將各種不同顏色的光給區分出來了（請參考刊頭彩頁上的照片）。

另外，如果將分別用紅、綠、藍玻璃紙包住的手電筒所發出的光，打在同一個地方，讓光重疊，重疊部分的光看起來就會偏白。這是因為各種不同顏色的光在聚集之後，光就會變白了。

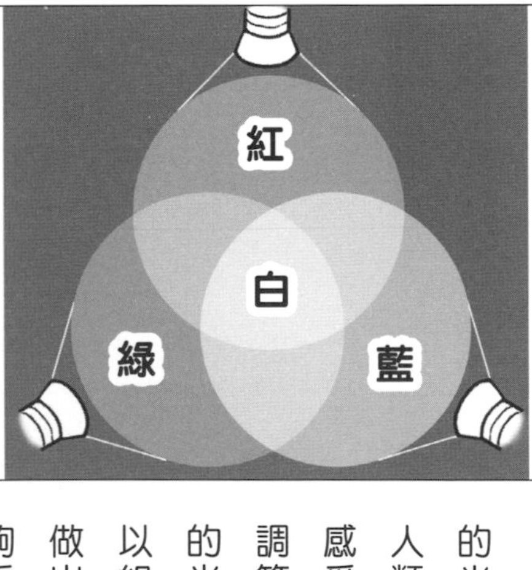

電視和LED看板上的顏色顯示方式，是由紅、綠、藍色的光所組成的。

紅、綠、藍的光，被認為是人類特別能強烈感受到的顏色。調節這三種顏色的光的強度再加以組合，就能夠做出我們眼睛能夠看到的幾乎所有顏色，對生活很有幫助。

雖然看不見，但卻環繞在我們四周！紅外線的應用範例

紅外線被活用在我們生活周遭的各種層面

用在防盜感應器等上面
有些動物是能夠感覺到紅外線的，例如蛇和貓等動物。
電視機的遙控器也使用到它

光有很多的「同伴」？

被使用在微波爐上的「微波」、在醫院拍攝X光照片時使用的「X光」、讓人晒黑的元兇「紫外線」等，這些通通都是光。

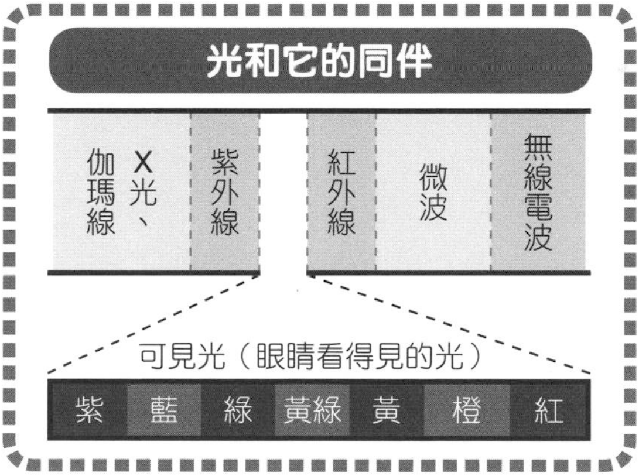
光和它的同伴
X光、伽瑪線
紫外線
紅外線
微波
無線電波
可見光（眼睛看得見的光）
紫
藍
綠
黃綠
黃
橙
紅

人類能夠看得見的光被稱為「可見光」，其實只佔了光的其中一部分而已。在我們人類看不見的地方，還有各種不同的光在活躍著。

有以光的力量前進的「太空遊艇」？

光具有推動物體的力量！

大家應該知道能夠在水上行進的「遊艇」吧！其實，在宇宙空間中也有「太空遊艇」在飄盪著。那就是二〇一〇年時由日本發射升空的實驗機「伊卡洛斯」。

張開比排球場還大的「帆」，簡直就像是遊艇在水面上乘著風前進那樣，依靠著光的力量往前進。

由於光的力量非常的小，所以在地球上的我們並不會感覺到。但是在宇宙空間中，只需要有這麼些微的光的力量，就能夠驅動物體移動了。

影像提供／JAXA

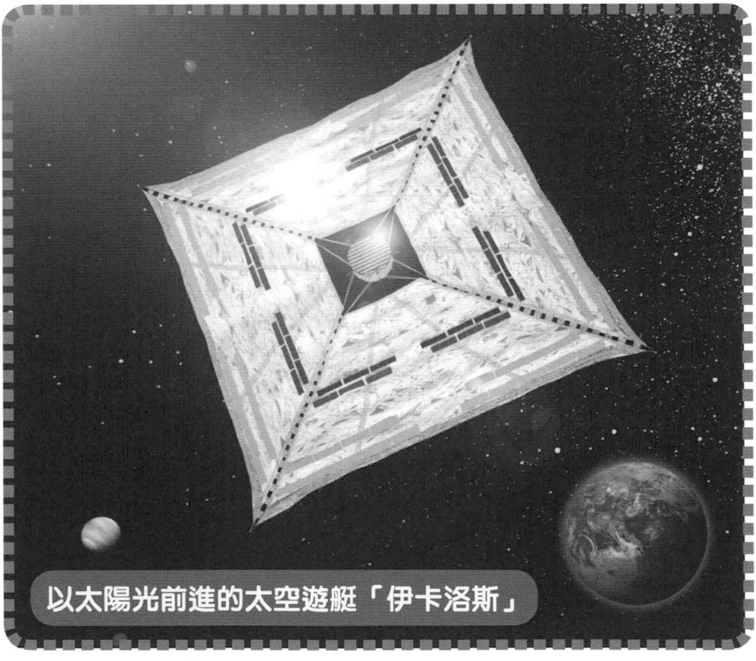

以太陽光前進的太空遊艇「伊卡洛斯」

乘著光前進的「伊卡洛斯」的動力機制

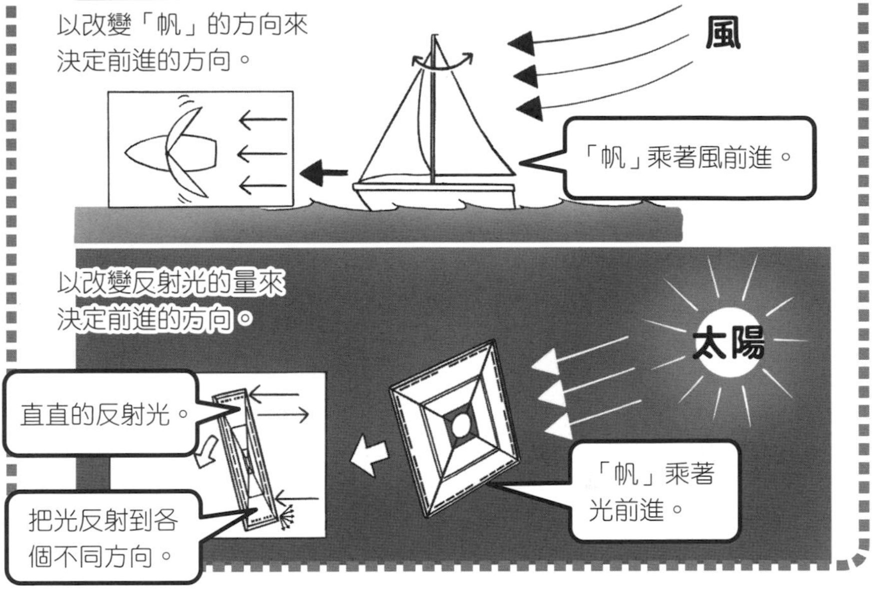
以改變「帆」的方向來
決定前進的方向。
風
「帆」乘著風前進。
以改變反射光的量來
決定前進的方向。
太陽
直直的反射光。
把光反射到各
個不同方向。
「帆」乘著
光前進。

使用光的反射改變前進的方向

在伊卡洛斯「帆」的邊上，裝設著只要讓電流通過就會變得亮晶晶，或是霧茫茫的「鏡子」。伊卡洛斯就是靠著這個鏡子來直直的反射光，或是把光反射到四面八方去，並以此來改變機體的方向。

亮晶晶的時候能承受比較大的力量

※霧霧的

像伊卡洛斯這麼成功的太空遊艇實驗，是全世界第一次。若是研究更加進步的話，或許將來我們就能夠搭乘太空遊艇在宇宙中旅行喔！

特別專欄

明明沒東西，但是當照到光的時候……

祕密筆

※ 沙沙

道具解說

用這支筆寫的東西，只有收信的人（想要給他看的人的名字）本人才看得見。若是其他人的話，就會像上圖的胖虎和小夫這樣，只看得見一張白紙。想要在信上寫悄悄話給誰看的時候會很方便。

大雄的信

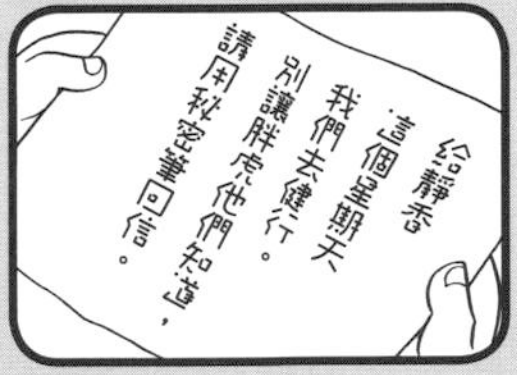

靜香的回信

▲▶「大雄的信」和「靜香的回信」，都有寫出收信人的名字。若是寫到一半墨水就用光了的話，有出現名字的人就會被當成收信人了喔！

隱藏在紙鈔中的圖畫

首先，請準備一張百元鈔或其他紙鈔，拿住鈔票的邊邊，到燈光前面照一照，在鈔票上是不是有看見一些若隱若現的圖案呢？這種不可思議的技術，稱為「浮水印」。把紙張的某些部分特意弄薄，或相反的故意加厚，就能夠做出來了喔！

雖然和「祕密筆」稍微有點不一樣，不過也有看起來和這種「浮水印」很像的墨水。

其他還有那種平常看不見，但是如果以「紫外線」這種我們眼睛看不見的特殊光來照射就看得見的筆，也已經可以在市面上買得到了。簡直就像是在漫畫中出現的間諜一樣！

「聽見」是什麼意思？

空氣振動傳到耳朵裡

請大家想一想，在拍手的時候，為什麼會聽到「啪」的聲音。

首先，在拍手的那一瞬間，有沒有感覺到手有微微的震動？這種震動讓周圍的空氣也隨之振動，這樣的振動傳送到耳朵的時候，就會讓我們感覺到「聽見聲音」。

雖然聲音傳導的狀態，我們平時用眼睛看不到，不過，它的原理其實和「把石頭丟到水池裡面時，在水面擴散的波紋」很相似。也就是因為聲音具有波的性質，所以又被稱為「聲波」。

聲音傳達的機制

ブロロロロ…
おーい
❶空氣振動擴散。
❷讓耳朵中的鼓膜震動。

※噗噗噗

※喂～

感覺不同的聲音聽法

在宇宙空間中聽不見聲音

聲音不只是在空氣中，在水裡或是金屬中也能夠傳達。在這個時候聽見聲音的方式，和在空氣中聽見聲音的方式有點不同。大家也可以參考上面的插圖，試著實驗看看喔！

那麼，如果在既沒有空氣也沒有水的宇宙空間中拍手的話，會聽到什麼樣的聲音呢？

宇宙中發生大爆炸……
可是卻沒有聲音！

答案是「什麼也聽不見」。拍手時的「震動」若是沒有傳導的媒介，聲音就無法傳達到周圍去，所以也就沒有辦法被聽到了。

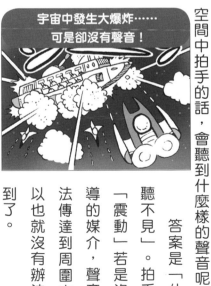

「超音速」究竟有多快？

聲音一秒鐘 大約前進三百四十公尺！

在拍手發出聲音的時候，馬上就會聽到聲音吧！這是由於聲音以非常快的速度在空氣中傳達所致。

聲音的速度，在平常的生活中是很難感覺到的。不過你可以觀察打雷的時候所發出的光和聲音。當天空「啪滋！」的因閃電而發亮的時候，通常我們是不是都會晚一點點才會聽到「轟隆……」的打雷聲呢？

「光」在一秒鐘前進的距離能夠繞行地球七圈半。雖然聲音的速度也很快，但是卻遠不及光的速度！

從閃電了解聲音的速度

聲音的速度是每秒 340 公尺
ピカ
ゴロゴロ

※閃電

※轟隆轟隆

打雷的時候，若是在看到閃電的 10 秒後聽到聲音，就知道雷是落在距離 340x10=3400m 的地方。

有以超音速飛行的方法！

A

所謂「超音速」，是指速度比聲音還要快的意思。火箭和噴射機，是少數能夠以超音速飛行的交通工具。

不過在二〇一二年時，「紅牛平流層計畫（Red Bull Stratos）」團隊，搭乘熱氣球上升到距離地面大約四十公里的高度之後，從那個高度跳下，成功的得到時速一千三百四十二點八公里的超音速記錄！

高度四十公里，是人類無法生存的死之世界。如果照平常的裝備上升到那樣的高度，一般人會在瞬間死亡。所以這個團隊的極限運動員是以跟太空人一樣的裝備來保命的。

人類以超音速飛行！「紅牛平流層計畫」

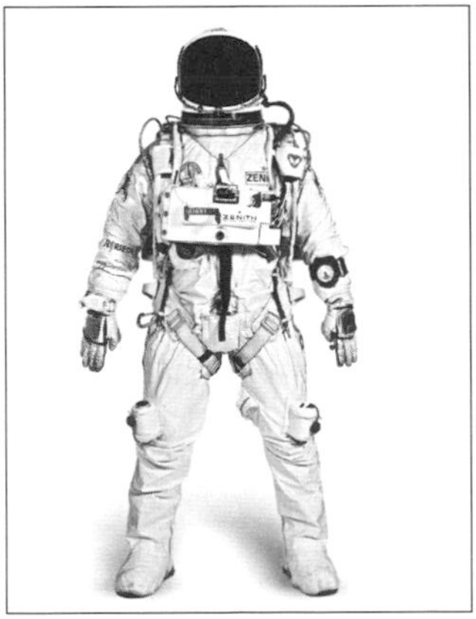

為了「紅牛平流層計畫」而特別開發的服裝

照片／Red Bull Stratos/Red Bull Content Pool, Jörg Mitter/Red Bull Content Pool

我們爲什麼聽得見「回聲」？

聲音被反彈，再一次傳到耳朵裡

你知道在爬山的時候，若是對著正對面的山大聲的叫：「你好～！」的話，會發生什麼事嗎？過了一下子之後，也會有「你好～！」的聲音傳回來喔！

這種現象，被稱為「回聲」。藉著空氣傳遞出去的聲音，在撞擊到山壁或是岩壁的時候，就會因為被阻擋而反彈回來。

如果有高山或是大型建築物位於幾百公尺之外，在你和它們之間又沒有物體阻隔時，回音就能夠聽得很清楚。有機會的話，一定要試試看喔！

「回聲」的機制

你好～
聲音反彈回來。
你好～
你好～
聲音反彈回來。
山的距離如果比較遙遠時，聲音傳回來就會需要比較久的時間。
你好～

「回聲」的機制被運用在各種不同的地方

運用「回聲」的機制，就可以尋找位於遠處、眼睛看不見的東西。

例如「魚群探測機」是朝向海底發出「超音波」，捕捉並定位它的「回聲」，就能夠找到魚群。

所謂的超音波，是一種人類聽不見的高頻率音。在魚群探測機上之所以會使用超音波，是因為魚類體內的「魚鰾」反射聲音的效果很好所致。

我們熟知的海豚也是運用同樣的機制在海裡尋找食物。牠們從額頭發出超音波，以下顎的骨頭接收反彈回來的超音波，來判斷魚所在的方向和距離。

運用聲音反射的例子

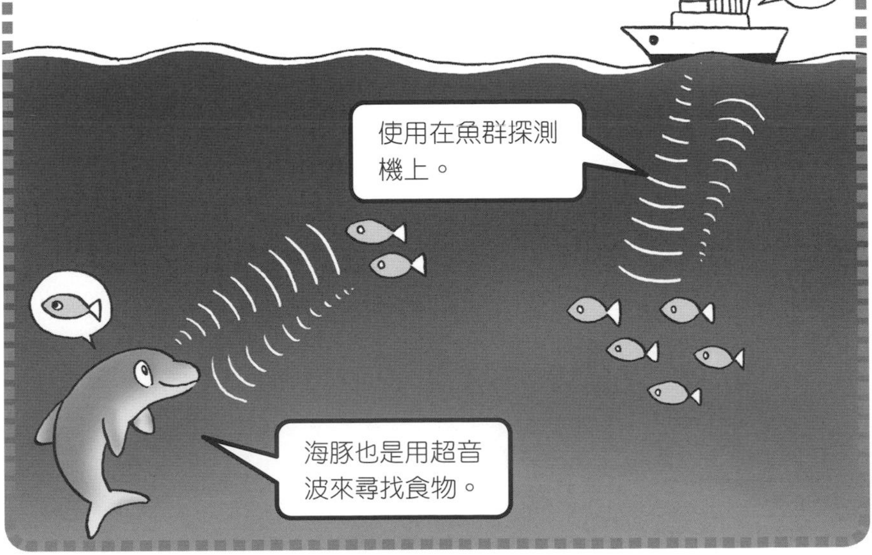
使用在魚群探測機上。
海豚也是用超音波來尋找食物。

科學觀察

在寶特瓶裡製造晚霞！

試著做做看！

當我們看見橘色的落日時，在天空中究竟發生了什麼事呢？使用我們周圍常見的物品來做出和落日同樣顏色的光，思考光的顏色到底為什麼會改變？

1
裝水。
2
滴幾滴牛奶進去。
MILK
3
將房間弄暗，把寶特瓶排好之後，打光。
插圖／Kaniko

準備

- 寶特瓶（沒有凹痕的圓筒狀寶特瓶）5～6 瓶
- 牛奶
- 手電筒（或者是 LED 燈）

如果成功了！

寶特瓶的水看起來會像是橘色！

仔細觀察寶特瓶的水，看起來是什麼顏色？也許還能看出在改變方向的時候，顏色會有什麼樣的改變喔！

解說

照射寶特瓶的光的方向就是關鍵！

從各個不同的方向打光試試看。從某個方向打光時，位於手電筒旁邊的寶特瓶的水，看起來會是蒼白又帶點淺藍色的。但是隨著光跟寶特瓶的距離變遠，顏色就逐漸變黃，再離得更遠的時候看起來就會是橘色的。

顏色之所以看起來會不一樣，是由於水中加了一點點的牛奶。牛奶中的細微顆粒，會先把光裡面的藍光反射回來。不過紅色和橘色的光，卻能夠穿透微粒傳遞到遠方去。

透過這個實驗，能夠確認光裡面各種色光的性質喔！

插圖／Kaniko

解說
顏色會根據光在空氣中前進的距離而改變

到了傍晚時分，太陽就不是從我們的上方照射，而是從側面照射。於是太陽光傳送到我們所在位置的距離，就會變得比白天的時候還要來得遠。

從太陽釋放出來的光之中，包含著各種不同顏色的光。但是隨著前進的距離變長，就會撞擊到空氣，或是撞擊到在空氣中飄盪的灰塵、懸浮微粒等，然後被反彈開來，顏色也就會逐漸變少。

因此，從太陽出發的光在經歷長途的旅程，最後抵達地面時，剩下來的光的顏色就是紅色和橘色，我們便稱它們為「晚霞的顏色」。

★人體工廠探測燈

人體交換機

我正在看電視，節目正精彩呢……
別這麼說，妳過來一下就好了。
到底有什麼事啊？
我想試試看輕鬆寫完作業的感覺，所以…
要拜託妳。
而且也不需要費力…真是太棒了。
那你自己做不就好了？
不是那個意思啦。
因為我不夠聰明，
所以才拜託妳啊~嘻嘻…
等一下！你要到哪裡去啊？
快到了啦！

因為這個道具太大了，家裡實在擺不下，
這是「人體交換機」。
用這個道具可以讓兩個人交換身體的某個部位。
找妳是因為想和妳換一下頭。
我還以為有什麼好玩的呢……
靜香，妳先別生氣……妳就幫個忙，完成大雄今生唯一一次想要聰明一下的願望嘛！
你們先進去艙門裡吧！

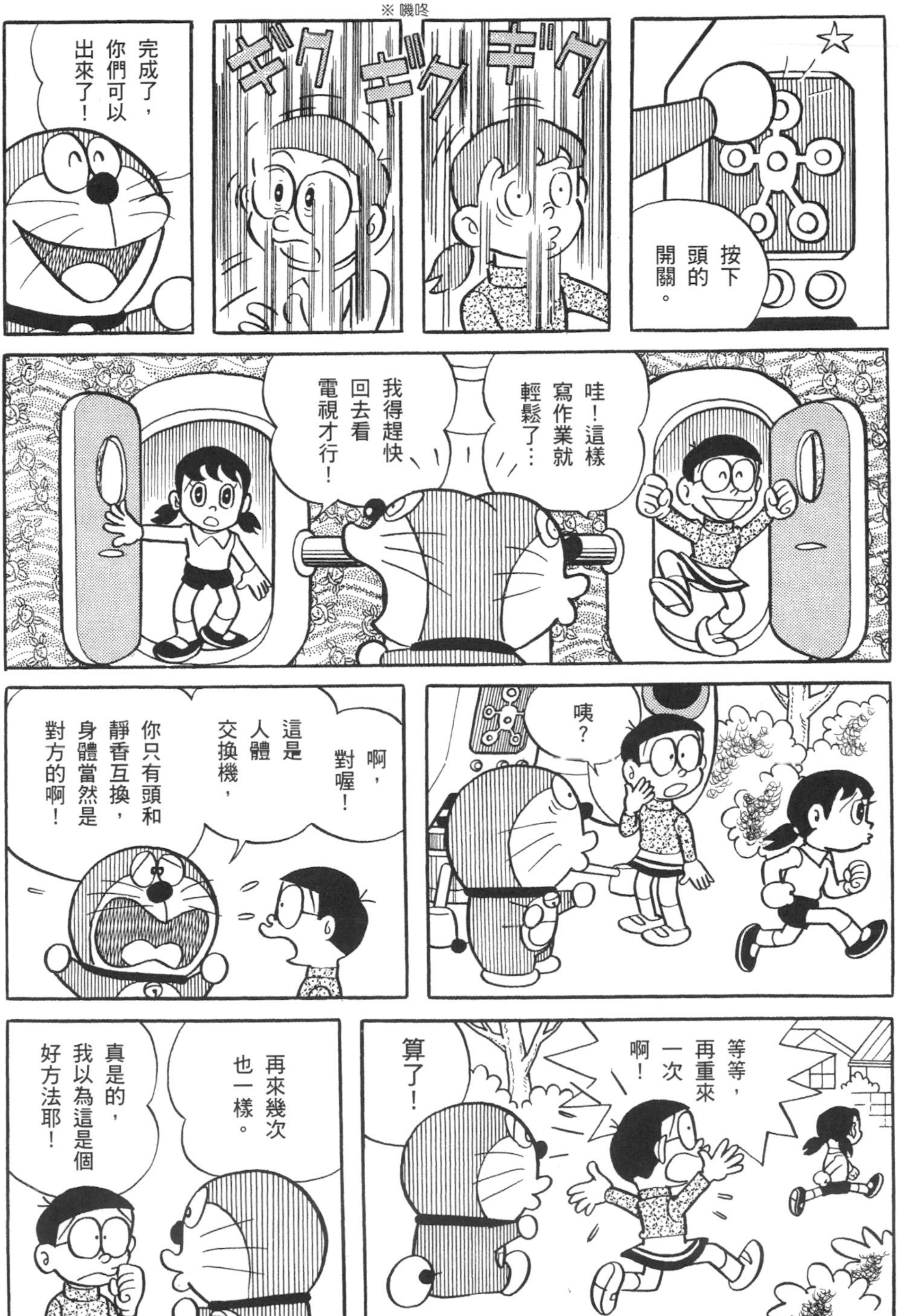
按下頭的開關。
※嘰咚
ギク ギク ギク
完成了，你們可以出來了！
哇！這樣寫作業就輕鬆了……
我得趕快回去看電視才行！
咦？
啊，對喔！
這是人體交換機，你只有頭和靜香互換，身體當然是對方的啊！
等等，再重來一次啊！
算了！
再來幾次也一樣。
真是的，我以為這是個好方法耶！

可是這樣很怪耶！
靜香應該也會覺得怪吧，
總之先等她主動回來換吧。
你在看什麼啊？很噁心耶！
沒…沒什麼啦，只是我從以前就一直很想…
什麼!?你想換這雙腿？
因為我的腿很短嘛…
所以希望能體驗長腿的感覺…
隨便亂換她的腿，靜香可能會生氣耶。
我馬上就還嘛！
我只要在這附近體驗一下用長腿跑步的感覺就好，
馬上就會換回來嘛。
按下腳的按鈕…

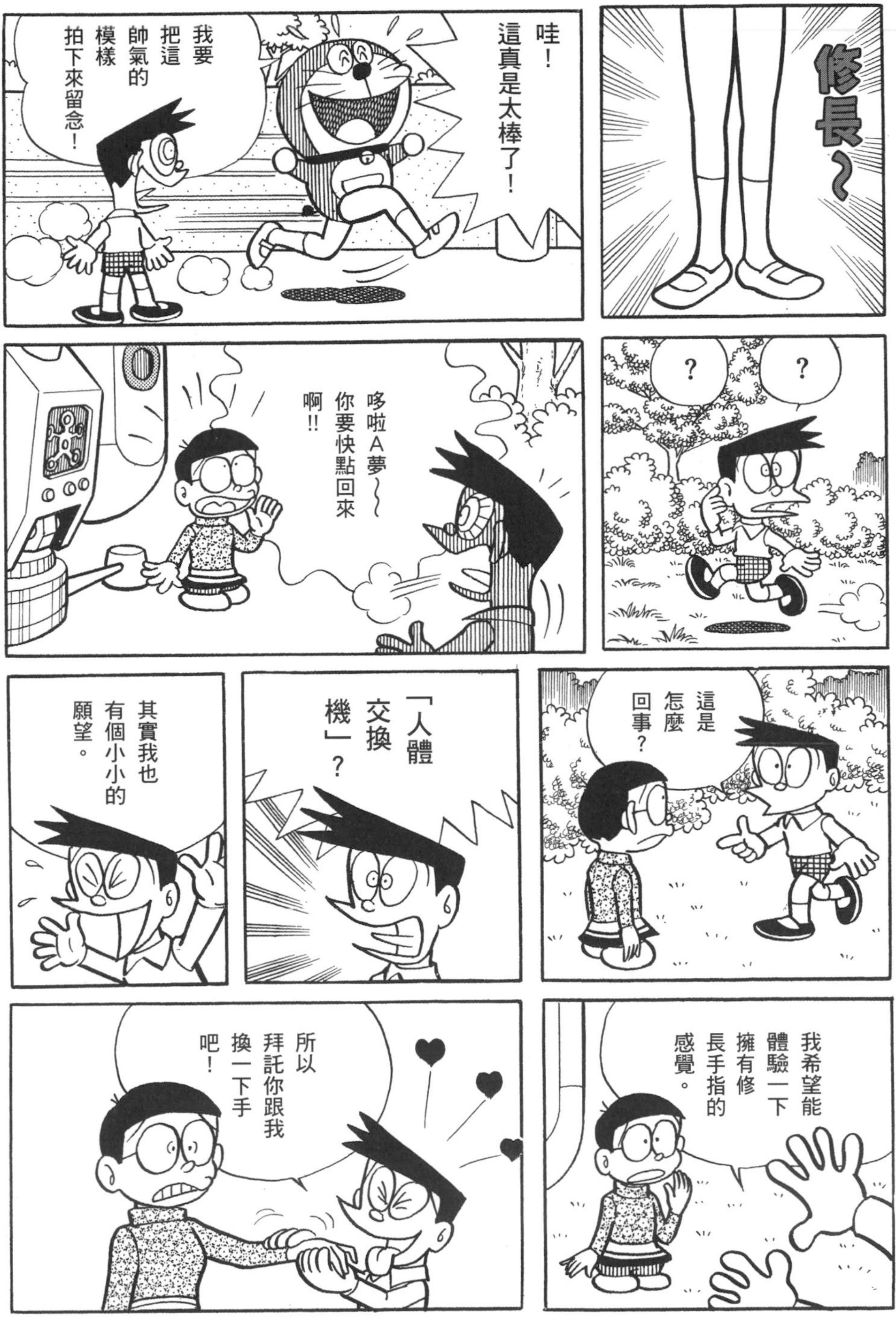
修長～
哇！這真是太棒了！
我要把這帥氣的模樣拍下來留念！
？
？
哆啦A夢～你要快點回來啊!!
這是怎麼回事？
「人體交換機」？
其實我也有個小小的願望。
我希望能體驗一下擁有修長手指的感覺。
所以拜託你跟我換一下手吧！

不行！這樣子不好啦！
有什麼關係？反正這又不是你的手！
按下手的按鍵。
哇……
這正是我所期望的……
有如藝術家的手啊！
自我陶醉
我聽說了！
拜託你也幫我個忙吧！
我也想試試擁有修長身材的感覺……
你要幫我，還是要吃我的拳頭!?
太棒了！
這個身體就像小鳥一樣輕盈啊！

仔細一看，這是大雄的身體啊！
真是太過分了！
你怎麼會變成這樣？
大家都強迫我換啊！
應該要先讓我跟大雄換手吧！
等一下，那雙手是我的耶！
真是的，怎麼會搞成這樣呢？
我不管，快給我復原啦！

為什麼大便是棕色的？

罪魁禍首是「膽汁」！

雖然食物的顏色有很多種，但是不論我們吃進什麼東西，最後都會變成棕色的大便排出體外。這到底是為什麼呢？

進到肚子裡面的食物，一邊經過身體的各個部位，一邊一點一點的被溶化、吸收，成為讓我們的身體活動的重要能量。

負責把食物溶化的液體稱為「消化液」，而消化液當中有一個成分是「膽汁」。膽汁是由「肝臟」製造出的棕色液體，也就是因為膽汁跟食物混合在一起，才讓大便的顏色變成棕色的。

從食物到大便的旅程

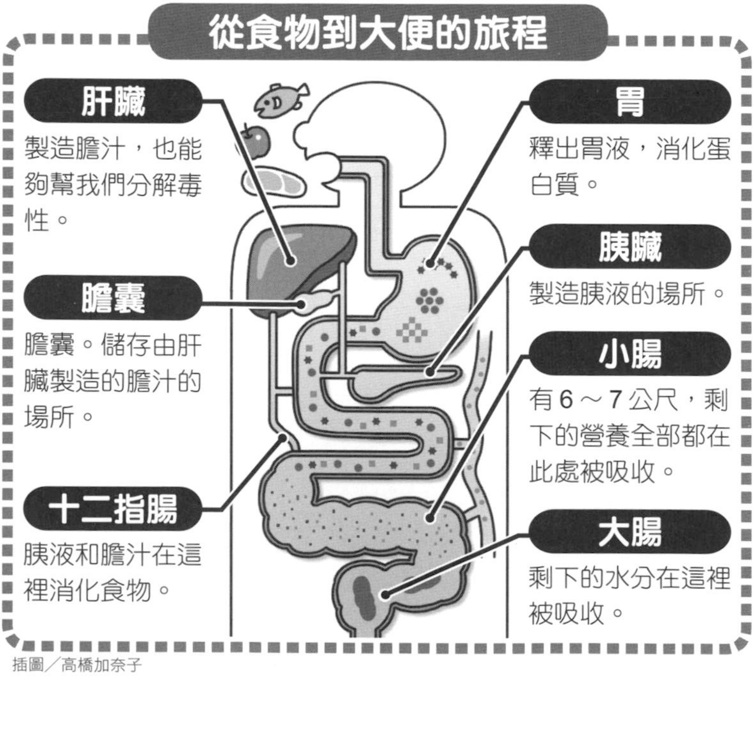

肝臟
製造膽汁，也能夠幫我們分解毒性。
膽囊
膽囊。儲存由肝臟製造的膽汁的場所。
十二指腸
胰液和膽汁在這裡消化食物。
胃
釋出胃液，消化蛋白質。
胰臟
製造胰液的場所。
小腸
有6～7公尺，剩下的營養全部都在此處被吸收。
大腸
剩下的水分在這裡被吸收。

插圖／高橋加奈子

假如排出不是棕色的大便時……

能夠排出棕色的大便，是身體正常運作的證據。那如果大便不是棕色的呢？當我們生病時，大便會變成偏黑色或是帶點紅色。大便能夠告訴我們身體的狀況，假如覺得「好像跟平常不一樣」的話，要馬上跟家人商量才好。

附帶要說明的是，嬰兒雖然沒有生病卻會排出綠色或土黃色的大便。這是由於大便長時間在肚子裡和空氣混合，產生化學反應所致。

剛出生沒多久的嬰兒，身體還很不安定，所以才會發生這種狀況。

▼用力大便的嬰兒。
大便是綠色的？

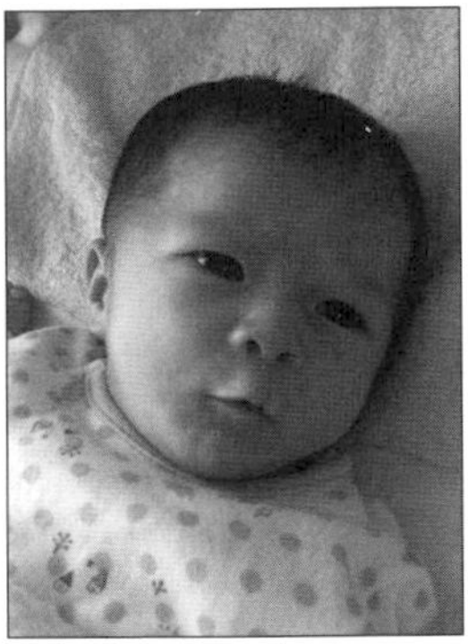

你的大便是什麼樣子的呢？

從大便的形狀，也能夠知道身體健不健康。
在沖掉之前先看看吧！

又粗、形狀又保持的很好的話，是身體健康的證明。

當大便很軟的時候，有可能是腸子變弱了。

要是偏黑或是帶點紅色的話，就有可能是生病了。要跟家裡面的人說。

爲什麼會流汗？

為了要讓變熱的身體冷卻下來

當天氣很熱或是當你在運動的時候，身體就會變熱而且還會流汗。雖然人類的體溫每個人都不太一樣，不過大概都是在攝氏三十六度左右，若是比這個溫度還要高的話，身體就會受到傷害。所以身體會藉著流汗，將熱和水分一起排出體外，透過這樣的機制來保護身體不受傷害。

只不過汗水並不是你努力想要流，就能夠隨心所欲的流出來的。因為這是為了保護身體的重要身體機制，所以是由我們的腦部自動控制的。

身體好熱喔，要流汗來冷卻才行。
運動的時候，要盡量吸入氧氣。

A 在你不知道的時候，腦對身體下命令

為了要讓身體保持健康，腦會自動發出命令的狀況還有非常多。例如即使我們不去思考，大家也會很自然的呼吸空氣吧！在尿液累積到某個程度時，發出「去排尿」的命令，讓內臟正確運作的也是腦。也許你會認為，明明是自己的身體，卻沒辦法照我們自己的意志去操縱是件很奇怪的事，但也因為這樣，我們就不必老是想著要呼吸這件事了。

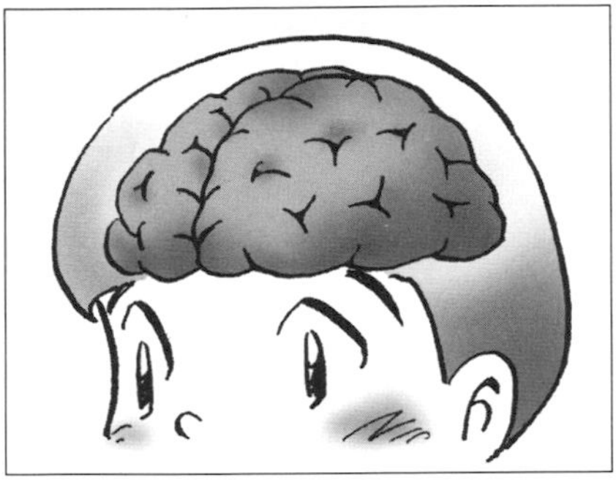

▲除了思考和記憶之外，也能夠自動保護身體的腦。真是好厲害啊！

尿液積滿了喔，快去上廁所！
差不多是吃飯的時間了。
你累了喔，差不多該睡覺休息了。
哈啊
咕

感冒的時候爲什麼會發燒？

發燒跟咳嗽都是有意義的

感冒的時候會發燒，其實並不是感冒的病菌（病毒）造成的，而是因為我們的身體知道病毒很不耐熱，所以才會由身體發出熱度，想要打敗病毒。

這類的例子還有很多，例如我們之所以會咳嗽或是打噴嚏，其實是為了要把進入喉嚨的病毒噴到外面去。流鼻水則是想要把病毒流出身體外面排掉。而身體之所以會感到疼痛，是因為我們的身體和病毒打仗之後，傷到了許多的細胞所造成的。

在痛苦的時候身體發生了什麼事？

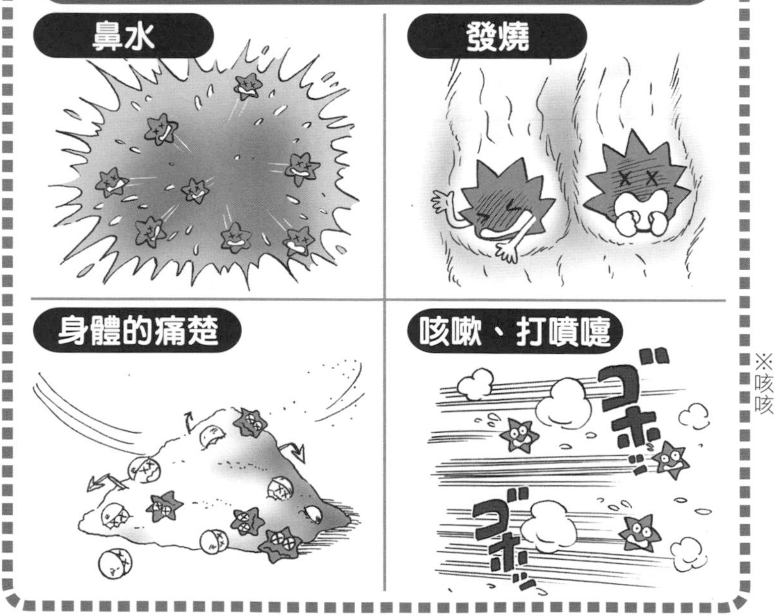

插圖／Kuramoto Hideki

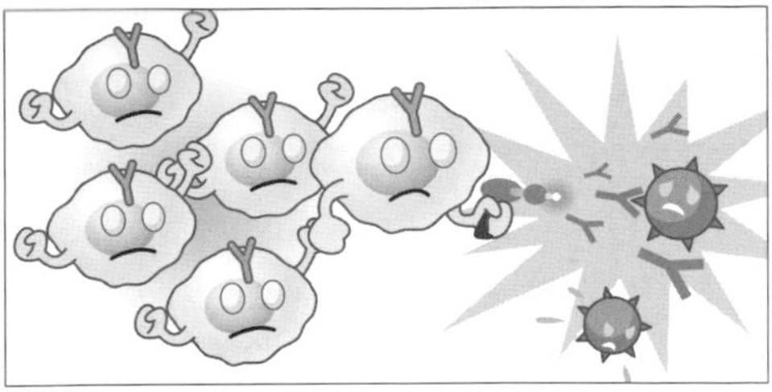

你知道保護身體的防衛軍「免疫系統」是什麼嗎？

A

那麼，到底是誰負責在身體裡面和侵入的病毒戰鬥呢？答案是白血球。白血球是在骨頭裡面被製造出來守護身體的細胞。為了要和侵入身體的病毒戰鬥，各種類型的白血球總是隨時準備好和外敵戰鬥。例如第一批與病毒戰鬥的巨噬細胞（Macrophage）、想好作戰策略對友軍下達命令的助手T細胞（Thelpercells, Th）等，簡直就像是正義的防衛軍團。而這個由各種白血球所組成的防衛機制，就稱為「免疫系統」。

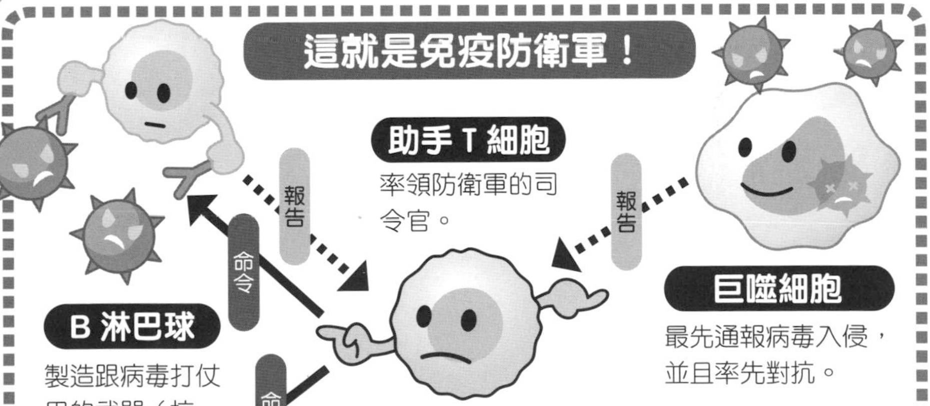
這就是免疫防衛軍！
助手T細胞
率領防衛軍的司令官。
報告
報告
命令
命令
巨噬細胞
最先通報病毒入侵，並且率先對抗。
B淋巴球
製造跟病毒打仗用的武器（抗體）
細胞毒殺T細胞
最強的白血球。是防衛軍的殺手鐧。
自然殺手細胞
破壞被病毒感染的細胞。

插圖／Kuramoto Hideki

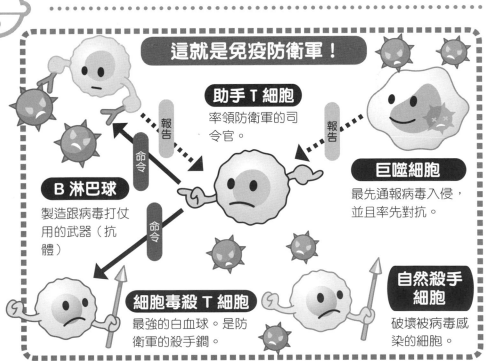

睡意吸取槍

「吸取瞌睡蟲手槍」。
你真的很想睡覺耶。
真的耶！我現在已經不想睡覺了。

道具解說

若是用這個睡意吸取槍將睡意（想睡覺的感覺）吸走的話，就會完全不想睡覺。而且被吸走的睡意還可以像子彈一樣發射出去，被打到的人，立刻就會呼呼大睡。

這個按鈕有什麼作用？
是發射瞌睡蟲的，就像手槍一樣。

給你好看！
パカ

鼾…
大雄，謝謝你。
那是會讓人睡覺的手槍啊！

◀▲大雄把自己的睡意射向攻擊自己的胖虎身上，於是胖虎就在路邊睡著了。若是發射太多子彈（睡意）的話，就會彈盡援絕，千萬要小心！

身體內部的時鐘

早上起床，到了晚上就會想睡覺。為了讓每天都能夠很健康有朝氣的生活，反覆的進行這種正確的生活節奏是非常重要的。可是就算不知道這些事情，為什麼一旦到了夜晚，我們很自然的就會想要睡覺呢？那是因為位於我們腦部正中央的「視交叉上核」，扮演著分配一天節奏的身體內部時鐘（生理時鐘）的角色所造成的。一般認為就是這個部分，會讓腦產生睡意。

不過，其實人類的生理時鐘轉一圈所必需的時間，比二十四小時要稍微長一些，能夠幫我們修正這個偏差的是日光。所以即使很睏，在起床之後，還是要多多照射日光喔！

眼睛的錯覺是腦的錯覺？

眼睛看到的情報會被送到腦部

雖然我們是用眼睛來看周遭的景色，但是從眼睛獲得的資訊，通通必須送到腦部去接受判讀。所以我們也可以說，實際上看景色的，其實是我們的腦。腦具有想像力，會將現實中沒有真的看見的東西，自動修補成好像真的有看見。

讓我用下面的例子來做說明。下面的兩排文字都一樣有被遮住一部分，可是與上排文字的空缺方式相比，下排文字比較容易以想像力來補足空缺的部份，也比較容易猜到正確的文字應該是什麼。

你讀得出來嗎？

試著做做看！

腦會把眼睛看到的東西，用想像力來加以補足。但是也因為這種能力，而在某些時候會產生「眼睛的錯覺」。

問題 1 **正中間的線，哪條比較長？**

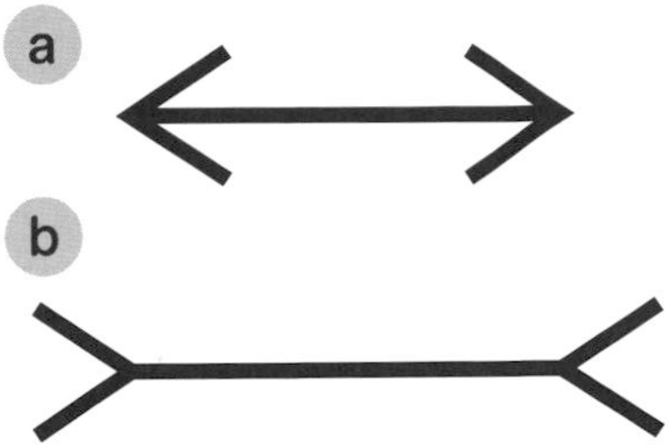

繆勒．萊爾錯覺

問題 2 **移動這本書時，看起來如何？**

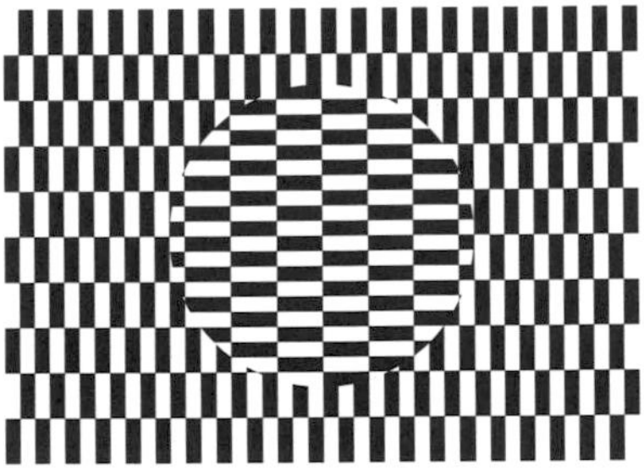

大內錯覺

問題 3 **正中間的●，哪一邊比較大？**

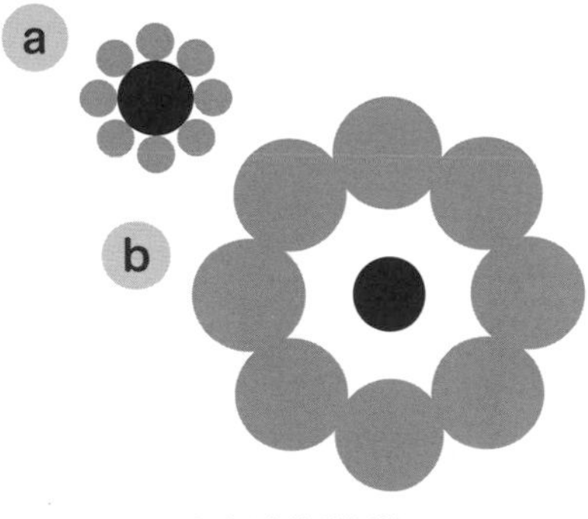

艾賓浩斯錯覺

問題 4 **橫線是斜的？直的？**

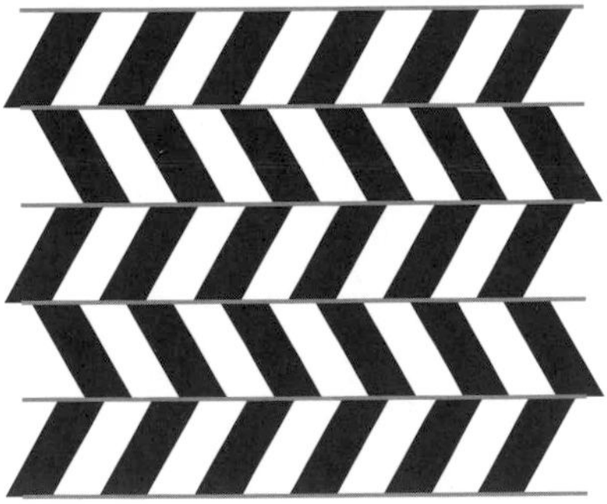

咖啡廳壁紙錯視

答
問題 1：兩條一樣長。
問題 2：中間的圓看起來像是在動。
問題 3：兩邊大小一樣。
問題 4：全部都是直的。

人類爲什麼沒有尾巴和體毛？

用兩隻腳步行的人類，是不需要尾巴的

在自然界中生活的大部分動物都有尾巴。

可是，人類卻沒有尾巴，這是為什麼呢？

一般認為，人類是在很久很久以前和猿猴類分開而誕生的。人類的特徵，是可以用兩隻腳站著走路。

因為如此，人類就不需要像猿猴類那樣靠尾巴來保持身體的平衡，於是人類的尾巴就逐漸退化、消失了。證據至今還留在人類的屁股上，我們到現在都還殘留著被認為曾經是尾巴的小骨頭。

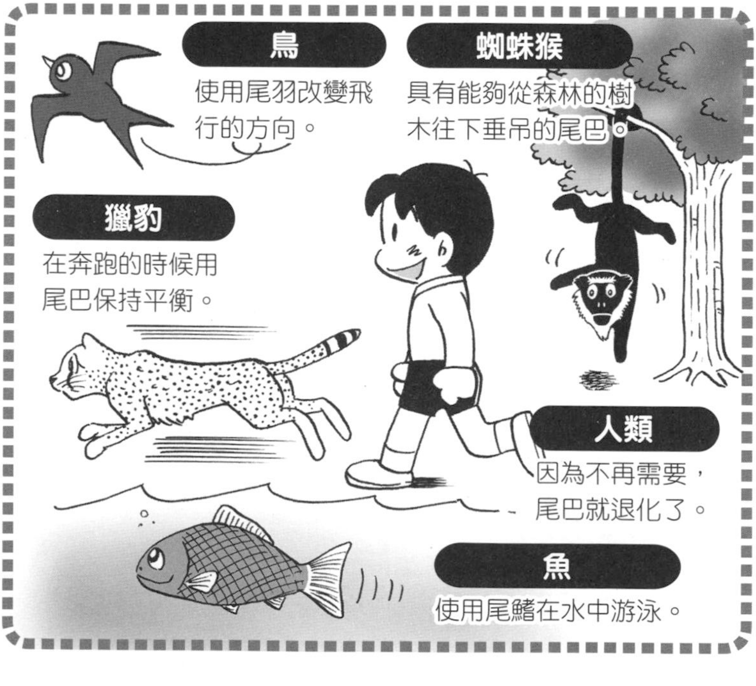
鳥
使用尾羽改變飛行的方向。
蜘蛛猴
具有能夠從森林的樹木往下垂吊的尾巴。
獵豹
在奔跑的時候用尾巴保持平衡。
人類
因為不再需要，尾巴就退化了。
魚
使用尾鰭在水中游泳。

為何會變成沒有體毛，還是個謎

人類明明是從猿猴的同類中分離出來誕生的，為什麼卻沒有像猴子或其他哺乳動物般的體毛呢？其實確實的原因至今仍不清楚。一般認為人類誕生的時期，在漫長的地球歷史中也是算屬於寒冷的時代（冰河時期），所以沒有能夠抵禦寒冷的體毛真的是一件相當奇怪的事。

下面舉出兩個目前想到的原因，你也可以一起想想看，還有沒有其他可能的原因喔！

▲親緣跟人類很近的動物黑猩猩，體毛也很多。

變成沒有體毛的原因大猜測！

猜測1 沒有體毛比較受歡迎？

第一種預測，體毛比較少的個體比較受歡迎。受歡迎的個體，當然就比較容易能夠留下子孫。所以體毛少的小孩也就越來越多，不斷重複這個過程到現在，就變成目前的樣子了。

猜測2 由於沒有體毛，所以需要動腦加工？

在寒冷的冰河時代如果體毛少的話，就很有可能會因為太冷而凍死，所以就必須動頭腦下工夫製作毛皮等物品，來設法保持溫暖。也許因為如此就讓頭腦發達，體毛少的個體變得繁盛了。

親子爲什麼會長得像？

因為「基因」的資訊會由親代傳給子代

大象的孩子會是大象，猴子的孩子會是猴子，人類的孩子會是人類，這應該是理所當然的事情。世上所有的生物都具有「DNA」這種身體的設計圖，猴子有猴子的DNA、人類有人類的DNA，並且會由親代傳給子代。所以猴子只能生出猴子、人類只能生出人類。

此外，在DNA中還含有能夠傳達個子高矮、鼻子大小等特徵的「基因」。即使生下來時同樣都是人，但是基因卻會因人而異。所以身高的高度、鼻子的高度、長像等，每個人都具有不同的特徵。這些基因都是由父母親直接傳給孩子，所以親子通常都會長得滿像的。

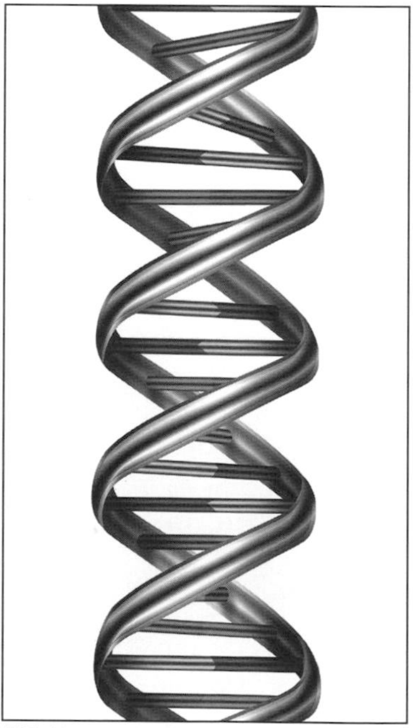

▶DNA的形狀。

插圖／Hiseki Graphics

你和家人哪裡長得像呢？

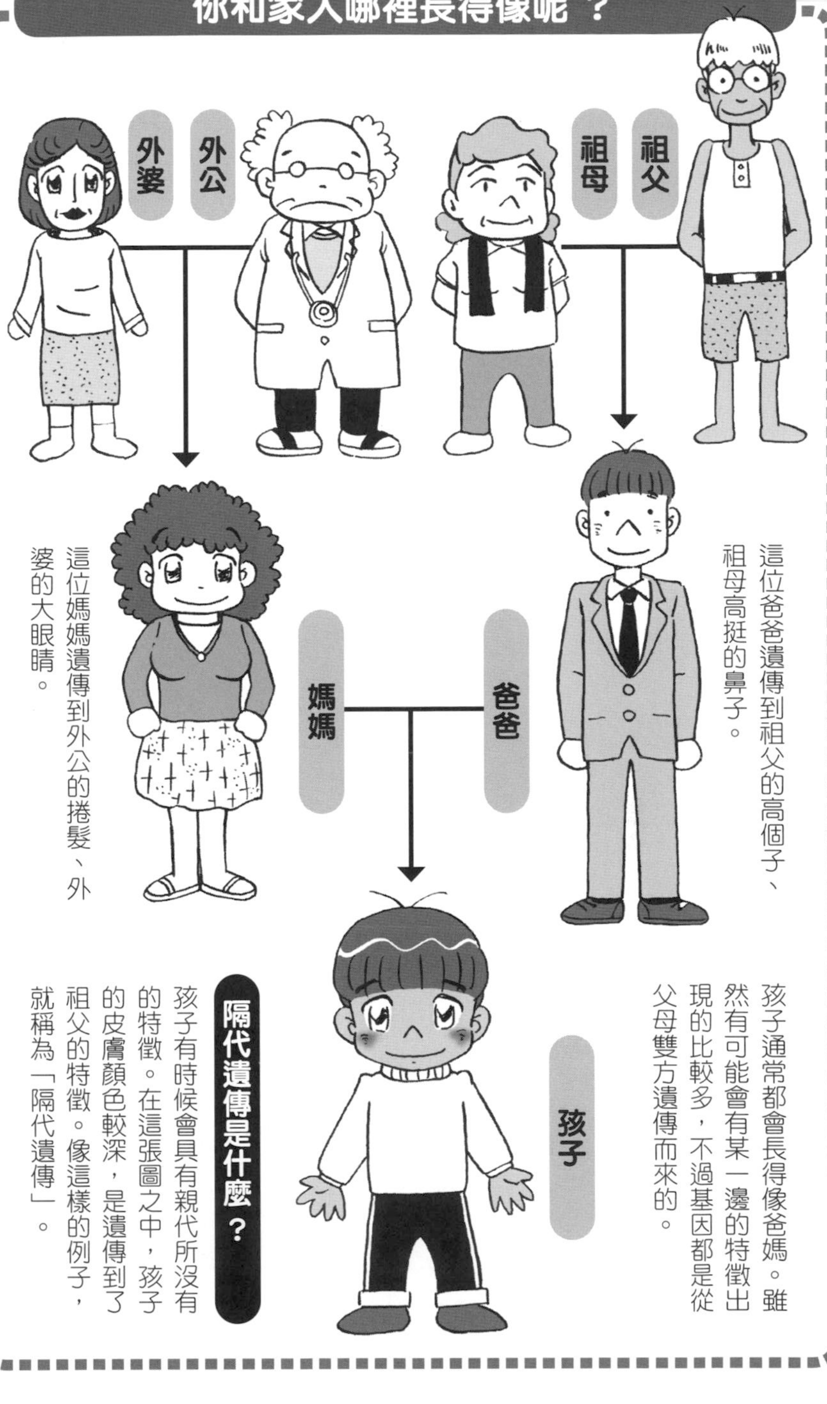

這位爸爸遺傳到祖父的高個子、祖母高挺的鼻子。

這位媽媽遺傳到外公的捲髮、外婆的大眼睛。

孩子通常都會長得像爸媽。雖然有可能會有某一邊的特徵出現的比較多，不過基因都是從父母雙方遺傳而來的。

隔代遺傳是什麼？

孩子有時候會具有親代所沒有的特徵。在這張圖之中，孩子的皮膚顏色較深，是遺傳到了祖父的特徵。像這樣的例子，就稱為「隔代遺傳」。

科學觀察

訓練你的感覺！

試著做做看！

磨練味覺

酸、甜、苦、鹹等，以舌頭感受到的味覺。讓我來告訴你一個可以讓味覺變得更敏銳的有趣實驗吧！

味覺是由位於舌頭上稱為味蕾的部分來感覺的。
味蕾

插圖／Kaniko

1

將各種不同的果汁倒進杯子裡，在眼前排好後，把眼睛遮住。

2

先將鼻子捏住後再喝一口果汁，猜猜看喝下去的是哪種果汁？是不是出乎意料的很難猜對呢？

解說

味道並不是只有由舌頭來感覺的

你知道為了讓人不要吃太多，現在市面上有賣一種藍色的咖哩嗎？是不是聽起來不大好吃！其實就像這樣，並不是只有靠舌頭而已，食物看起來的樣子或是氣味，也都跟味覺有關係。試試看以上圖的實驗來訓練自己，也許就可以讓自己的味覺像廚師或是侍酒師那樣的敏銳喔！

試著做做看！

訓練指尖的感覺

在訓練完味覺後，我們來訓練碰觸物體時所產生的「觸覺」。首先，請家人幫忙用紙箱改製成像左圖那樣的箱子。然後，只靠碰觸來猜猜裡面放的是什麼東西。

用各種物體來試試看

請準備各種大小、觸感不同的東西。

注意　不要使用尖銳的物體！

用尖銳的物體或有可能會割破手的東西來嘗試，是很危險的。請家人幫忙選擇安全的物體。

解說　指尖非常的敏感……

「指尖」是人類的身體部位中，觸覺最為敏銳的部分。試著把眼睛閉起來，用身體的各個不同部位去碰觸家人幫忙準備的東西。要能夠知道觸摸的物品到底是什麼，應該是在用指尖觸摸的時候，會知道得最清楚。

此外，一般認為若是多加訓練指尖的話，應該可以刺激腦部的運作。指尖的運動，對年長者來說也是一種很有幫助的頭腦體操。

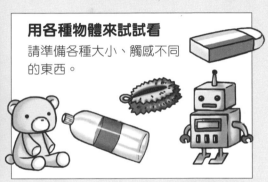

試著做做看！

平衡感訓練

閉上眼睛，不停的轉動身體的話就會感到頭暈。當頭暈的時候，平衡感就會被破壞，連想要走直線都會有困難。這個是能夠訓練的嗎？

注意

一定要有家人在場才可以做

要是失去平衡感撞到頭的話就糟了。一定要在家人看得見的安全地點才能夠嘗試喔！

1

為了能夠安全的進行實驗，請先在家裡鋪上墊被或床墊。

2

閉上眼睛，然後在墊子上快速的旋轉十圈左右。

3

試試看自己能不能夠在墊被上面走直線。請不要太勉強。

插圖／Kaniko

解說　人是靠耳朵深處保持平衡

人類是依靠位於耳朵深處、形狀像漩渦般的「半規管」來保持平衡的。頭暈的時候，就是因為這個機能無法正常運作造成的。不過半規管可以透過經常做旋轉練習的方式來鍛鍊。溜冰選手之所以能夠不停的旋轉也不會失去平衡，就是因為在平時的練習中，已經習慣了這樣的動作所致。而這樣的平衡練習，從越小的時候開始，效果就會越好。

★奇妙地球透視鏡

在撒哈拉沙漠無法唸書

又怎麼了？
你又說了什麼讓媽媽那麼生氣？
沒什麼，只是她每次都很囉唆，一直叫我唸書，
所以我就跟她說了。
要叫我唸書的話，
首先要給我一個良好的環境。
這是什麼意思？

以小夫為例，他為了進入有名的私立中學，所以非常認真唸書。
你知道他在哪裡唸書嗎？
他家在暑假時，租下了輕井澤的別墅。
跟他比起來，這個房間如何啊？
又狹小又悶熱，房間還很髒亂……
所以我跟媽媽說，要叫我唸書的話就先去租別墅吧！
只要環境好的話，你就願意認真唸書了嗎？
當然願意啊！
那麼，別說是輕井澤，去瑞士高原的話，你就會更用功嗎？
我想效率應該會更好！
而且可以廢寢忘食的唸書。
佛羅里達的森林，或是加拿大落磯山脈的湖水四周，那邊環境也不錯耶！

從早到晚，我都會坐在書桌面前。
ウイン ウイン ウイン
※咻咻咻
哇啊！這裡是哪裡？
加拿大的傑士伯公園啊！開始唸書吧。
是那個道具吧！
「觀光遙控器」。

只要調整經緯度，就可以將那裡的景色透過電波傳送，將影像投射在周圍的環境。
所以說，這是加拿大真正的景色!?
這麼說來，微風正吹過樹梢，湖面的波光也在閃爍著。
湖水好像很沁涼！
太棒了！
危險啊！
房間的大小還是沒有改變啦！
撞上
按鈕的設定從百公里為單位到公尺為單位都可以調整，共有四個階段。
所以像北極那麼遠的地方，
到家裡院子這麼近的距離都可以自由的投射影像。

讓我試試看！我想要投射小夫家的別墅。
好啊！
先大略調到日本，
然後再做細部調整。
咦？
哎呀！輕井澤現在正在下雨呢！
這裡也漏水了！
沒辦法，只好撐雨傘了！
為什麼要借這麼破爛的別墅嘛。
因為這是最便宜的了。
嘿嘿嘿。
小夫啊！
漏水的狀況怎麼樣啊？
你怎麼會知道？

※ 咻咻咻
ウインウイン
再看看其他朋友過得如何。
你看、你看！
白天就在打混的人不只有我而已喔。
你再看！
連靜香也是！
不要偷窺別人家裡！
你以為我是為了什麼才拿出這個道具的啊？
對喔！
你是為了讓我在好的環境裡唸書嘛。
該、選、擇、哪、裡、好、呢？
就交給老天爺做決定吧！
唔哇！這裡究竟是哪裡啊？
是撒哈拉沙漠吧？

感覺太寬廣了，無法集中精神……
那麼再找其他的地方吧！
等一下！
那個是？
好像是人影耶。
把景色移動一下，往西北方向約一公里。
是遇難者！
水……給我水…

要水是嗎？來了！
笨蛋！這個人現在正位於遙遠的撒哈拉沙漠呢！
趕快派救護車！
有人快死掉了。
位置啊？
是在撒哈拉沙漠……
掛斷！
好痛苦……
快死了……
ヒク ヒク
該、該怎麼辦才好？
※無力
拿出「任意門」吧！
鑰匙放到哪裡去啦？
用「竹蜻蜓」！
用這種，不知道要花幾十天才能到。
我快死了……

※ 轟轟轟
ゴォン
ゴォン
飛機好像發現他了呢。
這下可以安心了。
真是太好了！
連我都捏把冷汗！
好了，你也差不多該決定地點開始唸書了！
話雖這麼說，但是幾乎找不到可以專心唸書的景色耶！
你還在說那種話！
好吧！我就找出能讓你專心唸書的景色！
這是老師家。

為什麼繞地球一周剛好是四萬公里？

原本一公尺的長度就是用地球的大小來決定的！

若是從地球的南北方向繞一圈的話，其長度正好會是四萬公里。會這麼剛好的原因其實一點都不稀奇，因為成為長度基準的一公尺，原本就是以南北繞行地球一周的子午線長度的四千萬分之一來訂定的。而一公里是一公尺的一千倍，所以繞地球一周的長度就正好是四萬公里了。

從前依照國家的不同，測量長度的基準也不大一樣。因為這樣很不方便，於是就決定測量地球的大小，來決定一公尺的長度。

這是1公尺。
不，這才是1公尺。
長度不一樣真的很不方便啊！
測量地球的長度，再將其四千萬分之一訂定為一公尺！

00,0000,0000,0000kg

地球的質量是多少？幫地球做一下體檢！

測量地球的大小，決定一公尺的長度，是在距今兩百多年前的事。不過據說沿著子午線繞行地球一圈的長度，其實不是剛剛好四萬公里，而是四萬零九公里。另外，地球沿著赤道周圍的那一圈比較膨脹，所以赤道一圈大約是四萬零七十七公里。

若是以公斤來記錄地球質量的話，再跟大家平時使用的數字相比，數字的位數會變得非常非常的多，居然高達二十五位數。寫成數字的話，會像最下面那樣，這在日文中寫成「六（禾予）公斤）」，中文是六十萬億億噸。這是很多大人也不知道的事情，所以你可以教你的家人喔！

太陽 1 個　**地球 33 萬個**

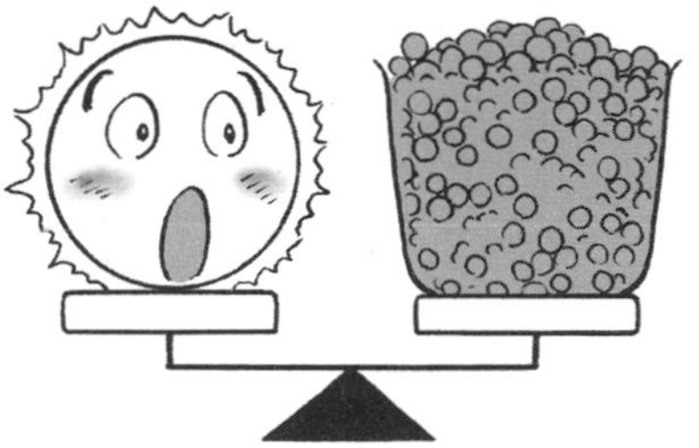

地球和太陽比起來非常的輕……

以公斤「kg」來表示的話，地球的重量就已經高達 25 位數。然而太陽的重量，則有 33 萬個地球加起來的重。

地球並不是一個完全的球體！

地球是以東西向不停的在旋轉，所以赤道部分就會稍微有點膨脹。

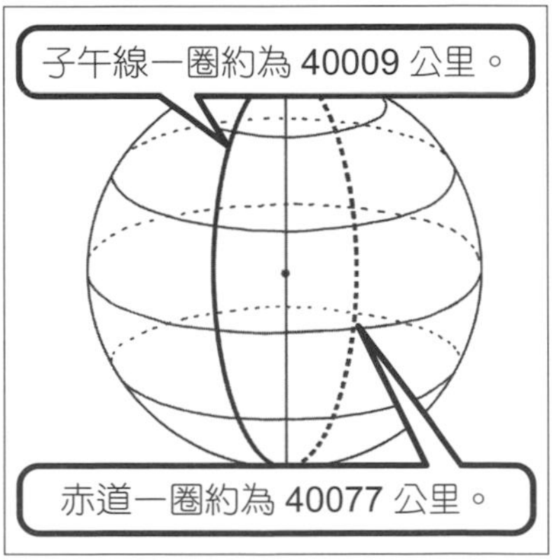
子午線一圈約為 40009 公里。
赤道一圈約為 40077 公里。

地球重量：60 萬億億噸　6,0000,0000,00

真的可以從日本走到夏威夷嗎？

地球的大陸也是花非常長久的時間在移動喔！

大家平時站立著的陸地感覺上似乎非常堅固，好像不論發生什麼事都不會改變。可是這個又堅固又好像很強硬的陸地，其實正以一般人感覺不到的緩慢速度，一點一點不斷的在移動著。

現在地球的地表，雖然分成了美洲、非洲、亞洲、歐洲、大洋洲以及南極等六塊大陸，但是在兩億五千萬年前，它們其實是一整塊的大陸。這麼大的物體居然會移動，真是令人不敢置信。

巨大的大陸是這樣移動的！

在兩億五千萬年前，地球的地面幾乎是一整塊的大陸，不過由於後來一點一點的移動，慢慢變成了現在的形狀。

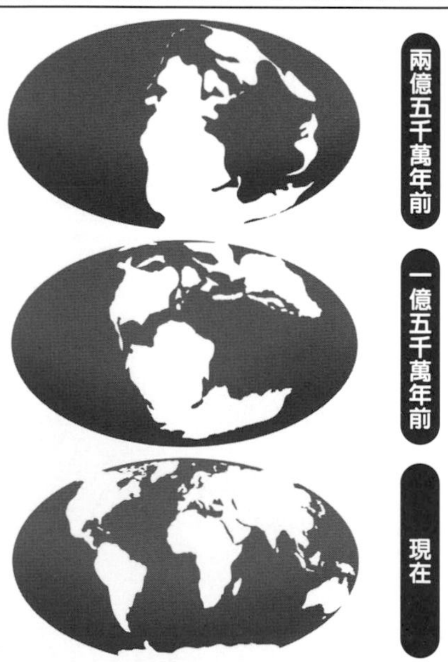

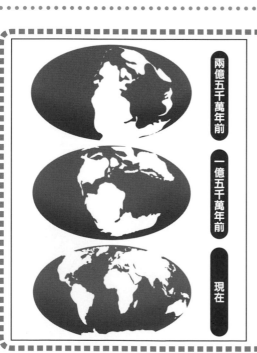

A 因為地球內部的活動，夏威夷正逐漸向日本接近！

地球的地下深處，有些地方正有岩漿往外噴發。岩漿是像被熱融化的岩石般的東西。岩漿會在地面附近冷卻、凝結，然後成為板塊。大家所站立著的陸地，就是位在這些板塊上面。然後板塊會被噴發的岩漿推動，一點一點的慢慢移動。這就是地球的地面——也就是大陸，會移動的原因。

由於夏威夷是位於逐漸往日本接近的板塊上，所以它正一點一點的在往日本靠近當中。不過，日本的東部有很深的海洋，所以也有人認為，夏威夷總有一天會沉到海裡面。不知道夏威夷是不是真的有一天，會和日本連接在一起啊！

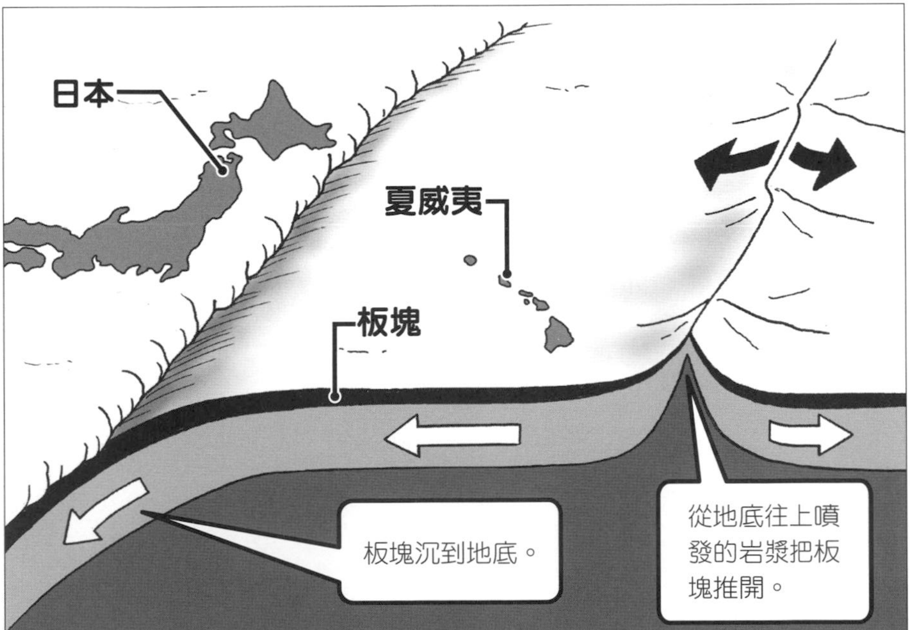
日本
夏威夷
板塊
板塊沉到地底。
從地底往上噴發的岩漿把板塊推開。

Q

地球上究竟有多少水？

影像提供／Howard Perlman, USGS；globe illustration by Jack Cook. Woods Hole Oceanographic Institution（©）；Adam Nieman.

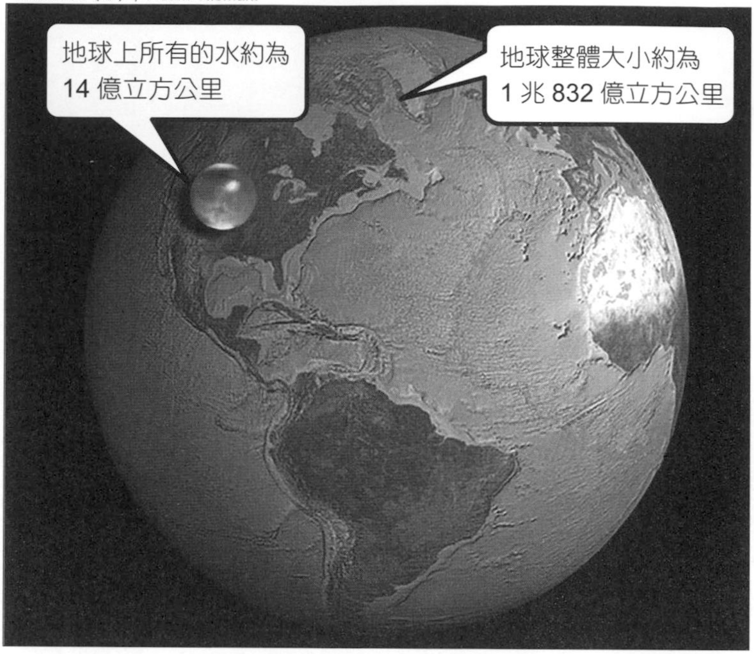
地球上所有的水約為
14 億立方公里
地球整體大小約為
1 兆 832 億立方公里

A

雖然表面被水所覆蓋，但集中起來後卻出乎意料的少！

地球被稱為「水的行星」。如果拿出世界地圖來觀看，你會發現海洋的面積遠比陸地的面積還要廣闊，看起來好像有很多水的樣子。可是如果把地球上所有的水都集中在一起的話，看起來就會像上面的照片一樣。用比較容易理解的方法來舉例說明，就是假如把地球當成直徑一公尺的球來看的話，水就只是個直徑十公分的球而已。

由於水是廣闊的分布在地球的表面上，所以看起來好像很多，不過如果集中在一起的話，其實並沒有那麼多。

地球上的水幾乎全都是海水 人類能夠使用的水只有一點點！

A

更讓人驚訝的是，地球上的水，幾乎都是海水或是結凍的水，人類能夠任意使用的水只占其中的很少一部分。甚至有人認為人類能夠直接使用的水，只占了整體的百分之零點零一。

水和石油不一樣，並不是用了就會沒有的。人類使用過的水會流回河裡，然後流進大海，蒸發之後回到空氣中，再變成雨或是雪落到地面上，成為人類可以使用的型態。雖然如此，也不應該隨便浪費水資源。在刷牙的時候，要是沒有關水就這樣讓水不停的流一分鐘，就會讓十二公升的水在沒有被使用的狀態下被白白流掉。首先就讓我們一起從日常生活中，開始不浪費水的，好好使用水吧！

海水 97.5%
冰河、冰山等 1.7%
人類能運用的水為 0.8%
要好好珍惜水才行！
キュッ

※轉

颱風收集器與風藏庫

「颱風收集器」與「風藏庫」。
先把颱風的部分風力收集起來。
プシュ
※鋪咻
好像棉花糖。
這也是颱風喔。
ゴオ
※轟～

道具解說

能夠捕捉一部分的颱風，並把它收藏起來的道具。儲存起來的颱風能量可以被取出來，在各種場合派上用場。只不過要是使用過度的話，能量就會用光光。

▲▶ 用來拔草或是讓電器運作等，颱風的能量用起來非常方便！要是把它纏在身上的話，就會變得很強，沒有人可以靠近喔！

絲毫不浪費的地球大自然

每年一到夏天和秋天就常常會有帶來激烈風雨的「颱風」。河川因大雨而氾濫，建築物因強風而毀壞，這些都是可怕的自然災害。它的真面目其實是在南方的溫暖海洋所生成的「熱帶性低氣壓」，一邊旋轉它的漩渦，一邊變大而形成颱風。附帶要說明的是，在世界上的其他地方則稱它們為「颶風（hurricane）」或是「旋風（cyclone）」。

雖然颱風非常的可怕，但它其實也是很重要的大自然現象之一。例如颱風帶來的大雨能夠滋潤山、湖等，成為人類的生活用水。為了能夠善用颱風所帶來的恩惠，我們首先應該要好好的防止災害才行！

為什麼會有春夏秋冬？

由於地球繞著太陽旋轉，所以地球就有了季節！

地球是以稍微傾斜的角度，以一年為週期繞著太陽的周圍旋轉一圈。由於這樣的傾斜角度，造成了太陽光照射地球的角度會跟著不斷的改變。當太陽從高處直接照射的時候就會是夏天，從低處斜射的時候，我們就會迎接冬天的到來。

季節是依照氣溫等氣候狀況，將一年分成好幾個區間。雖然並不是所有的國家都像我們一樣有分成春夏秋冬四個季節，但還是會將一年分成雨量多的時期、雨量少的時期等不同的季節。

專欄 即使一直被太陽照射，卻不會越來越熱是為什麼？

雖然地球受太陽光加溫，但是地球的熱卻會逃到宇宙中。由於來自太陽的能量與從地球散出去的能量大約相同，所以地球整體的溫度幾乎不會改變。

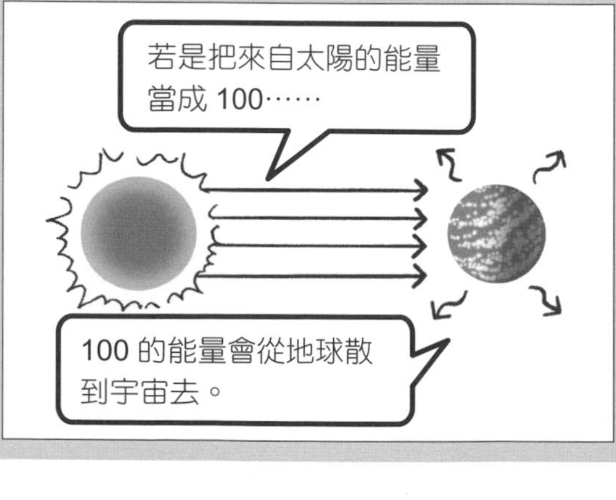
若是把來自太陽的能量當成 100……
100 的能量會從地球散到宇宙去。

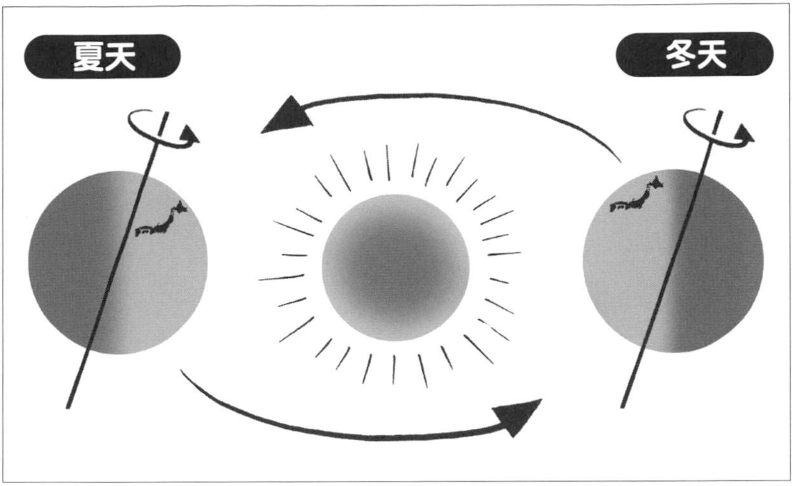
夏天
冬天

雖然經常有很多人會誤會，不過夏天並不是由於稍微接近太陽一點就變熱的，接受太陽光照射的角度差異才是重點。

只要計算下圖在相同面積中，照射到的太陽光的箭頭數目就可以知道，當太陽從正上方照射的時候，會比太陽從低處以傾斜的角度照射的時候，接受到更多的光。隨著被日光照射的時間變長，受到大量太陽光照射後的地面、空氣以及雲都會被加溫，我們也就會迎接炎熱的夏天。

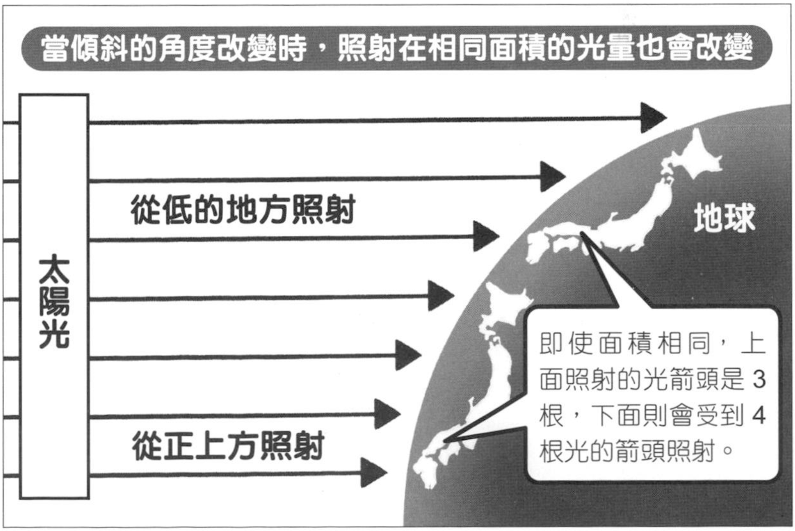
當傾斜的角度改變時，照射在相同面積的光量也會改變
從低的地方照射
太陽光
從正上方照射
地球
即使面積相同，上面照射的光箭頭是3根，下面則會受到4根光的箭頭照射。

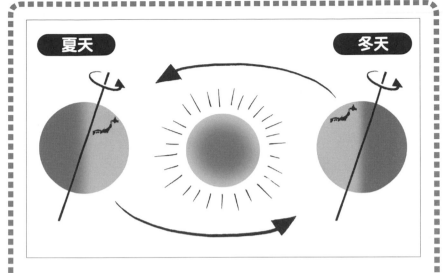

地球上還剩下多少資源？

大約再數十年，石油就會被用光光！

大家知道石油、煤炭和天然氣等燃料都是被運用在哪些地方嗎？石油是被用在發電、暖氣、汽車或飛機的燃料，以及在製作塑膠或衣服等的時候都會被使用到。煤炭是用來發電，天然氣則是用在發電或是煮飯做菜時用的瓦斯等。不論是哪一種，對我們的日常生活都非常的重要。

但是石油、煤炭和天然氣都是遠古的植物和動物被埋在海底，經歷了長久的時間才變成的。它們並不是很快就能被製造出來的資源，當然也是只要使用，就會逐漸被用完的。

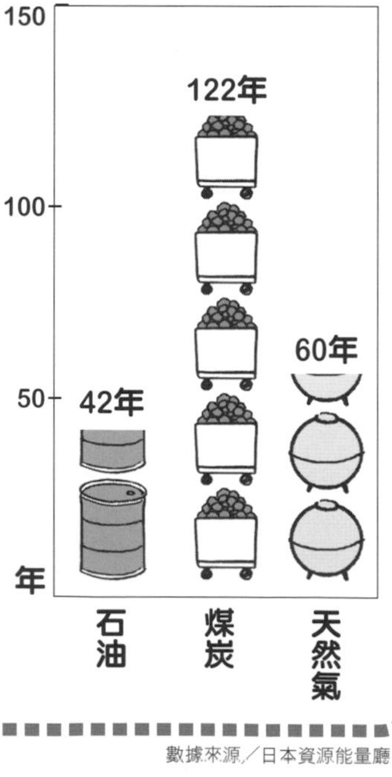

死亡的植物和動物隨著水流被運到海中後埋在海底，轉變成石油或天然氣，所以它們也被稱為化石燃料。

數據來源／日本資源能量廳

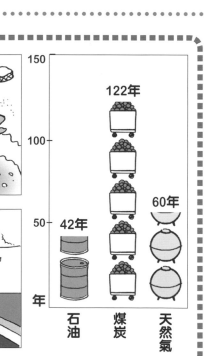

使用深海生物來發電的研究也已經開始

A

若是照現在的速度繼續使用下去的話，石油和天然氣有一天一定會被人類用光光的。假如這些資源都面臨枯竭的話，我們該怎麼辦才好呢？

針對這個議題而受到關注的，是棲息在非常深的深海中的生物。在棲息於深海的生物之中，有物種是以燃燒物體時所產生的二氧化碳為食物，並排放出甲烷的。若是燃燒這種甲烷發電的話，又能夠產生被該種生物當成食物的二氧化碳。

雖然這簡直是有如夢幻般的能源製造方式，不過在日本真的已經開始進行研究了喔！真希望它能夠早日實現！

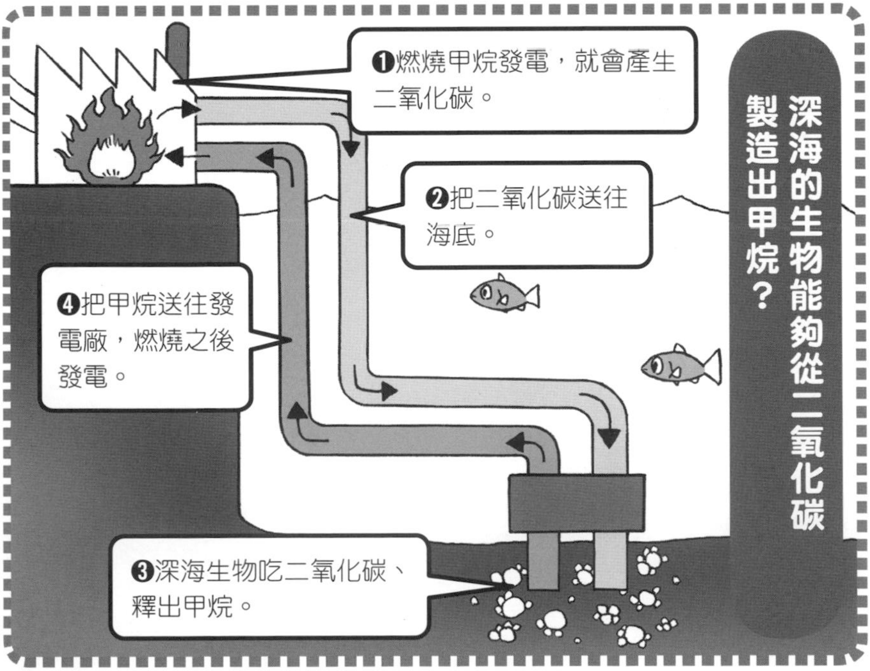
深海的生物能夠從二氧化碳製造出甲烷？
❶燃燒甲烷發電，就會產生二氧化碳。
❷把二氧化碳送往海底。
❸深海生物吃二氧化碳、釋出甲烷。
❹把甲烷送往發電廠，燃燒之後發電。

地球眞的有一天會被太陽吞噬嗎？

太陽真的會膨脹得很大！
不過那會是五十億年以後的事

太陽總有一天會過度的膨脹，而且還有可能會把地球吞噬掉。可是，大家並不需要對這個話題感到害怕，因為那是還需要幾十億年的時間才會發生的事情。

從初期的人類誕生之後，經過了長久的歲月，到成為現在人類祖先的人種 *Homo sapiens* 誕生，那個年代既沒有電視也沒有遊戲，有的頂多只是石頭製造的工具而已。而從那個時候到現在為止，大概只經過了二十五萬年。所以即使地球將在五十億年以後消失，也還剩下兩萬倍的時間。

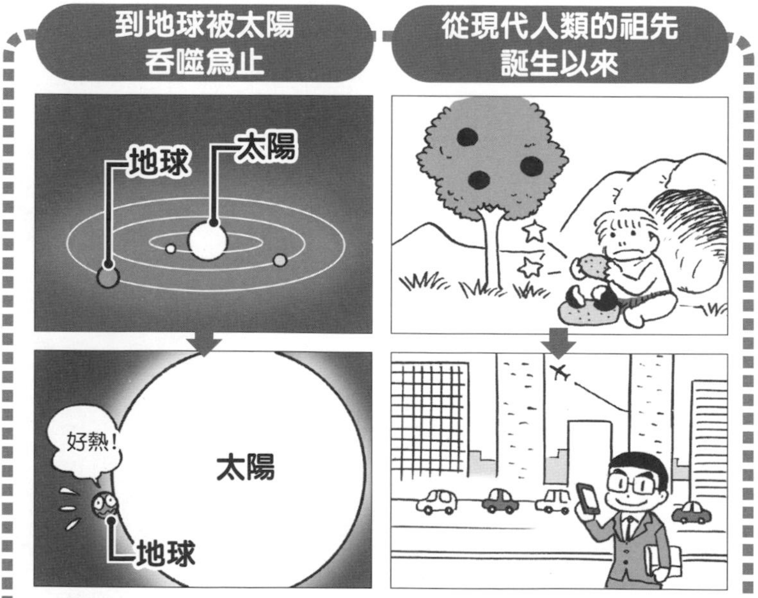

從現代人類的祖先誕生以來
大約 250,000 年
到地球被太陽吞噬爲止
地球
太陽
好熱！
太陽
地球
約 5,000,000,000 年

正如恐龍演化成為鳥類那樣，人類也逐漸在演化？

雖然我們暫時不需要擔心地球會被太陽吞噬，但是人類也不一定會一直保持著和現在同樣的狀態生存下去。

以恐龍為例，大約在一億六千萬年的歲月中，都在這個地球上繁盛的生活著。但是在那段期間，也不是一直都是同樣的恐龍持續存活。既有從原始的恐龍演化成肉食恐龍的種類，也有演化成植食性恐龍的種類。此外，有人認為雖然恐龍滅絕了，但是牠們的子孫卻演化成鳥類，到現在還持續存活在這個地球上。

人類在今後的長久歲月中，一定也會持續演化。到底會變成什麼樣子，光是想像也很有趣呢！

科學觀察

帶點心跟飲料上山去！

試著做做看！

在大家的周遭雖然眼睛看不見，卻充滿著許多的空氣，而且空氣還具有非常大的力量。讓我們來體驗這種空氣的力量吧！做法很簡單，只要在去高山的時候，記得帶點心和飲料去就好。約家人一起去遠足，馬上來做個實驗吧！

如果成功了！

❶把還沒打開過的袋裝點心裝進背包裡，直接帶到高山上面去。

※洋芋片

❷要忍著不可以在半山腰就把它打開來吃喔！等到了山頂後，有可能可以看到袋子變得很鼓很鼓喔！

插圖／Kaniko

準備

- 沒有打開過的袋裝點心
- 空的寶特瓶（不是裝汽水等碳酸飲料用的）

試著做做看！

1

2

❶把寶特瓶帶到高山上去。在山頂上喝光光後，把蓋子蓋緊，然後帶回家。

❷要回家以後才能把帶回去的寶特瓶拿出來看，有可能會看到寶特瓶變得扁扁的喔！而且那並不是因為裝在背包裡面被壓扁的喔！

※ 海拔 1000 公尺以上的地方，效果較佳。

解說

高山上的空氣很稀薄！

所謂「空氣很稀薄」是指在同樣面積中，空氣的粒子很少；「很濃」則表示粒子很多。空氣的粒子是會彼此推擠的，空氣的粒子越多，推擠力就越強。

在高山上把空寶特瓶的蓋子蓋緊帶下山，寶特瓶中的空氣就會保持著很稀薄的狀態。當下山後被放在很濃的空氣中，由於寶特瓶裡的空氣的推擠力弱，外面空氣的推擠力強，於是寶特瓶就被擠扁了。

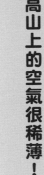

關於這本書

這本書是可以一邊開心的閱讀哆啦A夢漫畫，一邊學習科學知識的書。你一定已經經歷過很多在第一次聽到時覺得「不可思議」的事情。

但是請放心，「不可思議」的事情不會那麼容易就經歷完的。之所以會這麼說，那是因為當你有「為什麼？」或是「怎麼會這樣？」的疑問時，就是接觸「不可思議」的第一步。眼睛所看不到的世界或是遙遠的外星球，甚至在我們的生活中，都隱藏著許許多多「不可思議」的事物。請務必試著多多挑戰這些「不可思議」，到時大家都能成為「小小科學家」喔！

※書中無特別說明的資訊，均是二〇一三年六月的內容。

哆啦A夢科學任意門

恐龍時代通行證

日文版審訂：真鍋真
台灣版審訂：吳聲海
譯者：張東君
ISBN:978-957-32-7691-3

★暴龍為什麼長那麼巨大？
★翼龍是第一個在空中飛行的生物？

哆啦A夢穿梭時空，與大雄一起發現恐龍時代動物、生命的起源，以及尋找恐龍演進與消失的祕密。就讓我們跟隨哆啦A夢一起認識恐龍，看看這樣不可思議的動物生活在什麼樣的世界吧！

穿越宇宙時光機

日文版審訂：日本科學未來館
台灣版審訂：徐毅宏
譯者：黃薇嬪
ISBN:978-957-32-7692-0

★太陽是由氣體組成的星星？
★火星上的外星人真的存在？

從古至今，人類對宇宙充滿了無限的想像與疑問，想瞭解星星的祕密嗎？來自2112年的哆啦A夢，將帶領我們展開一趟令人嚮往的太空之旅！

動植物放大鏡

日文版審訂：實吉達郎、多田多惠子
台灣版審訂：吳聲海　譯者：張東君
ISBN:978-957-32-7717-0

★ 2000年前的植物種子還能發芽開花？

★昆蟲是地球生物中的強者冠軍？

人類誕生前，動植物就存活在地球上，這些比我們還要古老的物種，為了生存，演化出超強的生存技能，究竟哆啦 A 夢與大雄發現動植物哪些不可思議的神奇力量呢？

奇妙地球透視鏡

日文版審訂：日本科學未來館
台灣版審訂：陳卉瑄　譯者：黃薇嬪
ISBN:978-957-32-7731-6

★為什麼會發生地震？

★創世紀的地球發生了什麼事？

地球，是宇宙中美麗的水之行星，然而，生活其上的我們，對這個寶藏星球究竟了解多少？哆啦 A 夢與大雄能不能解開地球神秘的謎團呢？

神奇道具大解密

日文版審訂：日本科學未來館　台灣版審訂：陳正治
譯者：游韻馨　ISBN:978-957-32-7752-1

★真的有任意門嗎？

★超好用「翻譯蒟蒻」成功出來了？

出生在 2112 年的哆啦 A 夢，擁有許多神奇好玩的未來道具，但其實在現實中，這些道具已經悄悄現身！本書以問答形式，解析現代科技能否製造出哆啦 A 夢的道具，以及生活中容易被忽略的高科技製品。或許未來有一天，我們也能發明出哆啦 A 夢喔！

哆啦A夢科學任意門

光與聲音魔法帽

日文版審訂：北原和夫、鈴木康平
台灣版審訂：林泰生
譯者：游韻馨
ISBN：978-957-32-7762-0

★彩虹是不是七種顏色？

★世界上存在人類聽不見的聲音？

光與聲音是構成這個世界的重要元素。對我們來說，非常熟悉的現象，其中卻蘊藏了神奇的力量？它們又是如何影響著我們的生活？就讓最有科學頭腦的哆啦A夢，為我們介紹光與聲音的奇妙科技魔法唷！

人體工廠探測燈

日文版審訂：森千里
台灣版審訂：黃榮棋
譯者：黃薇嬪
ISBN：978-957-32-7773-6

★生命的種子來自宇宙？

★人稱萬能細胞的 iPS 細胞是什麼？

身體像個不能休息的工廠持續運作，每個細胞與器官搭配運轉以維繫我們的生命。科學發展至今，「人體」與「生命」中仍然充滿許多未解之謎，就讓哆啦A夢帶領我們進入人體工廠來好好了解與認識囉。

全能機器人解讀機

日文版審訂：日本科學未來館　台灣版審訂：林守德

譯者：黃薇嬪　ISBN:978-957-32-7795-8

★現在的機器人可以分辨人類的長相？

★機器人可以擔任服務員？

我們以為存在電影、卡通中的機器人，已經開始在生活中實際應用，不僅幫助我們生活得更便利，也在許多產業上成為好幫手。但這些全能的機器人，究竟是如何發展出來的？未來會不會真的出現可愛的機器貓哆啦 A 夢呢？

百變天氣放映機

日文版審訂：大西將德　台灣版審訂：吳俊傑

譯者：游韻馨　ISBN:978-957-32-7809-2

★恐怖的颱風和龍捲風如何形成？

★地球真的越來越溫暖嗎？

颱風、豪大雨、寒流等都直接或間接影響著我們的生活。其實我們每天親身經歷的這些氣候現象，也和地球的另一邊變化有關。跟著哆啦 A 夢的腳步，一起來認識變化萬千的氣象與氣候究竟展現了怎樣神奇與驚人的力量？

科學記憶吐司

日文版審訂：日本科學未來館　台灣版審訂：陳正治

譯者：張東君　ISBN:978-957-32-7819-1

★超音速有多快？

★人類為什麼沒有尾巴？

從漫畫與有趣的科學提問開始，哆啦 A 夢帶你一起認識科學的樣貌。從宇宙、動植物、古生物、光與聲音、人體奧祕到地球與環境，各種與我們息息相關的知識都在這裡。就讓我們吃下哆啦 A 夢給我們的記憶吐司，變身小小科學通！

哆啦A夢科學任意門 10

科學記憶吐司

●漫畫／藤子・F・不二雄
●原書名／ドラえもん科学ワールド── はじめてのふしぎ
●日文版審訂／ Fujiko Pro、日本科學未來館
●日文版撰文／瀧田義博、山本榮喜、窪內裕、丹羽毅、神谷直己
●日文版版面設計／ bi-rize
●日文版封面設計／有泉勝一（Timemachine）
●日文版編輯／山本英智香

●翻譯／張東君
●台灣版審訂／陳正治

發行人／王榮文
出版發行／遠流出版事業股份有限公司
地址：104005 台北市中山北路一段 11 號 13 樓
電話：(02)2571-0297　傳真：(02)2571-0197　郵撥：0189456-1
著作權顧問／蕭雄淋律師

2016 年 6 月 1 日 初版一刷　2024 年 4 月 5 日 二版二刷
定價／新台幣 350 元（缺頁或破損的書，請寄回更換）

ISBN 978-626-361-352-2
遠流博識網 http://www.ylib.com　E-mail:ylib@ylib.com

●發行所／台灣小學館股份有限公司
●總經理／齋藤滿
●產品經理／黃馨瑝
●責任編輯／小倉宏一、李宗幸
●美術編輯／蘇彩金、李怡珊

國家圖書館出版品預行編目 (CIP) 資料

科學記憶吐司 / 藤子・F・不二雄漫畫 ; 日本小學館編輯撰文 ; 張東君翻譯 . -- 二版 . -- 台北市 : 遠流出版事業股份有限公司 , 2024.1
面 ; 公分 . --（哆啦A夢科學任意門 ; 10）

譯自 : ドラえもん科学ワールド : はじめてのふしぎ
ISBN 978-626-361-352-2（平裝）

1.CST: 科學 2.CST: 漫畫

307.9　112017053

※ 本書為 2013 年日本小學館出版的《はじめてのふしぎ》台灣中文版，在台灣經重新審閱、編輯後發行，因此少部分內容與日文版不同，特此聲明。